김명호의
과학 뉴스

김명호의 과학 뉴스

과학의 최전선을 누비는 최첨단 그래픽 노블

김명호 글·그림

사이언스북스
SCIENCE BOOKS

나의 든든한 버팀목인 아내 신기혜에게 이 책을 바칩니다.
기혜의 지지와 응원이 없었다면 이 책은 결코 나올 수 없었을 것입니다.

오프닝

학창 시절 과학이란 소수의 선택받은 인종(?)들만이
범접할 수 있는 것이라고 생각했다.

아니 생각할 수밖에 없었다.
학교는 과학을 그렇게 가르쳤으니까.

탓 탓 탓

난 학교에서 펼쳐지는 입시라는 힘겨운 경주를
잘 따라갈 수 있는 학생이 아니었다.

한 번 넘어질 때마다 선두와의 거리는 제곱수만큼 멀어졌다.
학교에서의 과학은 따라올 수 있는 아이들에게만 허락되었다.

과학뿐만이 아니었다. 학교에서 가르치는
모든 배움이 마치 스톱워치 같았다.

아이들이 얼마나 빨리 뛰는지를 기록하는 장치.

내가 과학에 관심을 두게 된 것은
경주에 참여할 필요가 없는 스무 살부터였다.
이후로 과학책을 꾸준히 읽었다.
무엇을 할지 몰라 방황하고,
교통비 아끼느라 일주일 넘게 집 밖을
나가지 않았던 빈곤했던 20대에도
과학책은 꼭 한두 권씩 샀으니 말이다.

난 왜 과학책을 읽어 왔던 걸까?
분명 삶의 지혜나 통찰과 같은 거창한
무엇인가를 얻으려 한 것은 아니었다.

체육 교과서에는 축구가 협동심, 단결력, 이타심…
이런 것을 길러 준다고 적혀 있다.

그러나 조기축구회 아저씨가
협동심을 기르려고 축구를 하겠는가?

무슨 소리야.
재밌으니까 하는 거지!

과학책을 읽는 것도 단순한
이유에서다. 그냥 재미있기 때문이다.
알아 가는 재미. 호기심.

물론 이 말에 많은 이들이 기겁할지도 모른다.

그건 자신을
학대하는 일이야!

재미는 웃기고 흥겨운 것만 뜻하지는 않는다.
그것은 재미의 아주 작은 일부일 뿐이다.

9

많은 이들이 웃기다는 이유로 복싱이나 테니스와 같은
스포츠를 즐기지는 않을 것이다.

심지어 울트라 마라톤을 하는 이들도 있다.

나는 과학책 읽는 것이 울트라 마라톤보다
훨씬 덜 힘들 것이라 생각한다.

그건 네 생각이고.

이렇게 물을 수도 있다.

그 어려운 게 어떻게
재밌을 수 있죠?

누군가 말했다. 사람들이 전시장에 가서 예술품을 감상하는
것을 두렵고 부담스러워 하는 것은 거기서 자꾸 정답을 찾으려고
하기 때문이라고. 예술을 감상하는 데 정답은 없다. 각자의 위치에서
즐기고 느끼면 된다. 누구도 당신이 올바르게 감상하고 있는지
확인하고 평가하지 않는다.

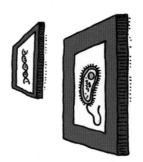

과학도 마찬가지다.
즐기는 데는 다양한 층위가 있다.

프로 선수여야만 축구를 즐길 수 있는 것은 아니듯
과학자만큼 알고 있어야 과학을 즐길 수 있는 것은 아니다.
수학? 우리가 읽는 것은 과학 교양서지 물리학 논문이 아니다.

과학책 저자들은 세상에서 가장 친절한 사람이
되어 한 명이라도 더 과학계로 포섭(?)하기 위해
갖은 노력을 할 테니 독자들은 차려진 음식을
음미하기만 하면 된다.

이봐, 친구들!

물론 뻥축구보다는 기술과 전술을 익히면
더 재밌는 축구 경기를 할 수 있는 것처럼
많은 배경 지식을 갖출수록 더 깊은 재미를 느낄 수 있다.

저쪽에 상대성 이론을
기가 막히게 하는 데가 있거든.

그게 뭐야. 무서워….

배움은 스톱워치가 아니다.

알아 간다는 것은 즐거운 일이다.

알아 가는 재미는 골을 넣었을 때의
기쁨과 다르지 않다.

배움은 축구공에
훨씬 더 가깝다.

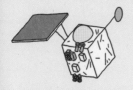

3부 **DNA로 그리는 얼굴**

김명호의 해외 과학 뉴스

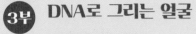

4부 **외계인의 전자레인지는 휘파람을 불 수 있을까?**

김명호의 우주 과학 뉴스

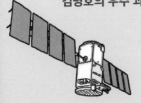

1부

누가 내 주머니 속의
이어폰을 꼬았을까?

김명호의 생활 과학 뉴스

1장

어두운 색 비둘기가
도시를 점령한 이유

#색의_다형성 #멜라닌
#진화와_생리학 #비둘기

파도의 너울거림.

따가운 햇볕.

아련한 평화로움으로 기억되던 그날의 해변.

그것은 천국의 맛이었고,

또한 금단의 맛이기도 했다.

1시간 남짓한 천국을 맛본 대가는
일주일간의 화상 지옥이었다.

어느 해변의 햇살이
그렇게 좋았니?

강한 햇볕은 사람의 연약한 피부에는 치명적이다.
화상과 같은 직접적인 피부 손상은 단지 눈에 보이는 피해일 뿐이다.

어휴, 화상이 심하네.

더 심각한 피해는 DNA 손상이다.
자외선은 DNA의 화학적 구성을
변화시켜 직간접적으로 피해를 줄 수 있다.

연고
잘 발라요.

따라서 원활한 해수욕을
위해서 뿐만 아니라!

생존을 위해서라도
지구의 생명체들은 가혹한
자외선으로부터 자신을
지켜야 했습니다.

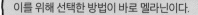

이를 위해 선택한 방법이 바로 멜라닌이다.

멜라닌 색소는 지구 위 생명체들의 색깔을 만드는 데 널리 쓰인다.
인간의 피부색이 다양한 이유도 바로 멜라닌 때문이다. 개인의 전체 멜라닌 세포 수는 거의 비슷하지만,
그 세포가 얼마나 멜라닌을 활발하게 생산하느냐에 따라 피부색이 결정된다.

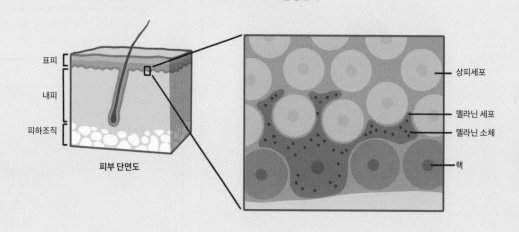

피부 단면도

표피
내피
피하조직

상피세포
멜라닌 세포
멜라닌 소체
핵

멜라닌은 매우 뛰어난 성능을 지닌 자연산 일광 차단제다. 몸 안에서 멜라닌은 여러 파장의 빛을 흡수, 산란, 반사해 민감한 생체 시스템과 분자 구조를 보호한다. 나아가 자외선에 노출되어 발생하는 해로운 작용을 화학적으로 중화시키는 적극적 기능을 수행한다는 것도 밝혀졌다.

| ← X-선 | UVC 200~290nm | UVB 290~320nm | UVA 320~400nm | 가시광선 → |

오존층

UVC: 단파장으로 지구의 오존층을 뚫지 못한다.

피부

UVB: 표피를 뚫는다. 멜라닌을 자극해 주근깨를 생성하고 볕에 피부를 그을리게 만든다. 환경과 위도, 하루의 시간대와 계절에 따라 강도는 다르다. 비타민 D의 생산을 돕는다.

UVA: 표피를 뚫고 진피까지 들어가 산란한다. 지속된 노출은 피부 노화와 주름을 유발하고, DNA 손상을 일으켜 피부암의 원인이 된다.

그러나 햇볕이 항상 해로운 것만은 아니다. 특히 자외선은 비타민 D의 생산을 자극한다. 비타민 D는 칼슘의 흡수를 도와 골격을 강하게 만들어 준다. 비타민 D 결핍으로 발생하는 가장 대표적인 질병인 구루병은 체중을 받는 양다리의 긴뼈가 휘는 아동기 질환이다.

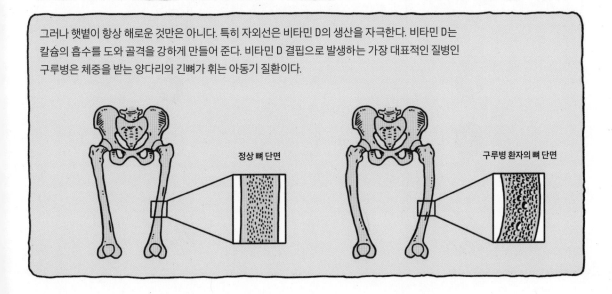

정상 뼈 단면

구루병 환자의 뼈 단면

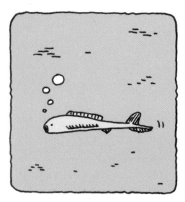

바다에서 생활했던 초기의 척추동물인 물고기들은

다른 물고기나 플랑크톤을 먹어 비타민 D를 충분히 섭취했지만,

육상으로 올라온 척추동물들은 더 강한 골격이 필요함에도 바다에서 얻을 수 있었던 비타민 D 공급원들을 더는 이용할 수 없었다.

따라서 육상 척추동물은 햇빛을 이용해 스스로 비타민 D를 만들어 내는 능력을 발전시켰다.

이처럼 무작정 자외선을 차단할 수 없었기 때문에 인류는 필요한 자외선의 양을 조절할 수 있도록 신체, 나이, 성별, 지역에 따라 멜라닌 세포의 생산량이 다르게끔 진화했다.

멜라닌 생산량이 많다.	특성에 따른 멜라닌 생산량의 차이	멜라닌 생산량이 적다.
	35세 이후로 멜라닌 생산이 점점 줄어든다.	
	일반적으로 여성보다 남성의 멜라닌 생산이 많은 편이다.	
	고위도보다 저위도에 사는 인종의 멜라닌 생산이 많은 편이다.	
	신체 부위 중에서도 햇볕에 자주 노출되는 곳에서 멜라닌 생산이 많다.	

특히 위도에 따른 인종의 피부색 차이는
자외선 양과 매우 밀접하다. 일반적으로
저위도 지방 인종의 짙은 피부색은 많은
멜라닌을 생산해 강한 자외선을
차단하는 데 중점을 둔 결과다.
반면, 고위도 지방으로 갈수록 옅어지는
피부색은 자외선의 피해를 줄이기보다는
비타민 D 합성의 효율을 높인 결과로
생각된다.

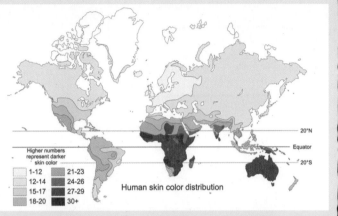

루샨(Luschan)의 색 체계를 기반으로 한 세계 피부색 분포도. 1940년대에 이탈리아의 지리학자
레나토 비아수티(Renato Biasutti, 1878~1965년)가 수집한 자료로 제작되었다.

피부색의 이런 기능 때문에
고위도에 사는 많은 흑인에게서
비타민 D 부족이 관찰되고,

미국 펜실베이니아 주립 대학교 인류학과
니나 자블론스키(Nina G.Jablonski) 교수

저위도에 사는 백인들에게서는 피부암의 발병률이
높다는 학계의 보고가 있었습니다.

인간의 다양한 피부색은 비록 여전히 편협한 인간들의 핑곗거리로서
인류사의 비극에 일조하고 있지만, 사실은 생존을 위한 진화였던 것이다.

멜라닌은 이 밖에도 생물의 무늬, 오징어나 문어의 먹물, 면역 시스템에
이르기까지 생명체 전반에 걸쳐 매우 다양하게 활용되고 있다.
최근에는 얼룩말의 무늬가 흡혈파리를 회피하기 위한 것이라는
흥미로운 연구 결과가 발표되기도 했다.

그렇다면 다른 동물에서도 인간처럼 같은 종 내에서 다양한 색 차이와 그에 따른 기능적 차이를 볼 수 있을까요?

같은 종 내에서 멜라닌을 기반으로 한 색의 다형성(polymorphism)을 보이는 생물은 자연계에 많이 있다. 색의 다형성이란 한 집단 내에서 나이와 성이 같은 두 개 이상의 개체에서 색의 차이가 확연히 나타나며 다음 세대로 유전되는 성질을 말한다.

지금까지 동물의 색 다형성 연구는 성 선택과 관련한 행동 생태학적 연구가 지배적이었다.

동물의 색 다형성은 체온 조절과 포식자 회피에 영향을 끼칩니다. 또, 일반적으로 밝은색의 개체보다 어두운색의 개체가 더 공격적이고, 적극적이며, 성적으로 활발하고, 스트레스에 강한 편이죠.

행동 생태학자

사자(*Panthera leo*)의 경우에도 진한 색의 수컷이 더 공격적입니다.

즉 색상은 행동학적 생리학적 특성에 대한 표현형이며, 따라서 색은 배우자의 상태를 판단하는 기준으로 이용된다고 생각합니다.

식사 시간인가?

뭐야, 동물의 왕국도 아니고…

엄마야ー!

어흥ー

반면 소수의
진화 생물학자는

색 다형성이 환경적 요소에
대처하기 위한 선택적 전략이라는
측면에 집중했다.

우리는 멜라닌 기반 색이 단순히 상태에
대한 표시가 아니라 환경에 적응하기 위한
기능으로서, 유지, 진화를 위한 보다
적극적 선택이라고 생각합니다.

진화 생물학자

분명 서식지에 따른
종의 색 다형성의 분포는
무작위적이지 않습니다.

2001년 발표된 한 논문은 러시아와 영국에서
어두운색의 비둘기가 밝은색의 비둘기보다
도심지에서 더 많이 관찰된다고 보고했습니다.

새는 색 다형성 특징을 지닌 대표적인 생물이다. 그중에도 비둘기(*Columba livia*)는
매우 다양한 색상을 가지고 있기 때문에 이러한 색 다형성과 진화 관계를 연구하는 데 좋은 대상이다.

도시는 높은 인구 밀도와 산업화 때문에 미세 중금속과 기생충으로 오염되어 있다. 미세 중금속은 새들이 한 번에 품는 알의 개수를 줄이고, 수컷의 생식 능력을 떨어뜨리며 어린 새끼의 성장에도 나쁜 영향을 끼친다.

콜록 콜록

기생충은 조류의 건강을 위협하는 중요한 진화 압력이다. 체내외 기생충은 건강과 직결되는 문제이며 이는 깃털의 상태를 악화시키는 요인으로 작용한다. 깃털의 질적 하락은 조류의 체온 조절이나 비행 능력에 영향을 끼쳐 생존력을 떨어뜨릴 것이다.

더러워서 못 봐 주겠네.

따라서 좋은 깃털 상태, 특히 비둘기의 경우 목 부분의 무지갯빛 반사광은 기생충에 감염되지 않은 좋은 건강 상태의 신호라는 연구 결과가 있다.

어머, 광학적으로 완벽해!

그러면 오염된 도시 환경에 노출된 비둘기에게 어두운 깃털 색, 즉 높은 멜라닌 생산은 어떤 관계가 있는 것일까?

분자 생물학적 관점에서 멜라닌을 기반으로 한 색과 생리적, 행동적 특성이 어떠한 메커니즘에 따라 영향을 주고받는지에 대한 연구는 많이 부족했다.

?

← → 공격적

그러나 기술이 발전하면서 이에 대한 연구가 진행되고 있으며 특히 척추동물에서 멜라닌 기반 색과 면역계가 밀접한 관련이 있다는 유전자적 증거들이 쌓이고 있다. 최근 연구는 멜라닌 세포 자극 호르몬인 멜라노코르틴(melanocortin) 시스템이 면역 기능과 연관이 있음을 제안하고 있다.

- Melanocortin -

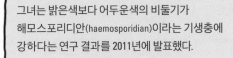

이에 착안해 프랑스 파리 국립 과학 연구소(National Centre for Scientific Research)의
리사 자캥(Lisa Jacquin) 박사는 도심에 사는 비둘기의 기생충 감염률과 면역력을 연구했다.

그녀는 밝은색보다 어두운색의 비둘기가
해모스포리디안(haemosporidian)이라는 기생충에
강하다는 연구 결과를 2011년에 발표했다.

흥!

더 어두운색의 비둘기일수록 혈액 속의
기생충 수는 더 적었고, 면역 반응도 더 빨랐다.

또한, 2013년에는 어두운색의 비둘기 어미일수록
자신의 클라미디아균(chlamydiae)에 대한 항체를 자식(egg)
에게 더 잘 전달할 수 있다는 논문을 발표했다.

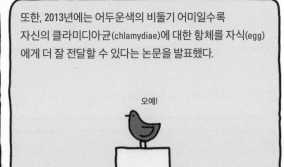

오예!

젠장!

연구 결과 멜라닌 기반의 비둘기
깃털 색은 면역계의 상호 작용으로
일어난 것으로 볼 수 있습니다.

리사 자캥 박사

흥미롭게도 색과 기생충 감염률은
연관성이 보이지 않았습니다.

......

오예!

깨끗!

더럽네.

기생충 노출 정도에 차이가 있는 환경

이것은 서식지에 따른 기생충 노출
정도의 차이에 의해 어두운색 비둘기가
더 많이 살아남은 것이 아니라

난 할 수 있어!

죽을 맛이군!

기생충 노출 정도가 비슷한 환경

비슷한 노출 정도에서 비둘기의
색 다형성이 환경에 적응하려 했던 결과라고
긍정적으로 해석할 수 있습니다.

폴란드 바르샤바 대학교의 이론 생태학자 마리옹 샤틀랭(Marion Chatelain)은
2014년 4월 논문에서 어두운색의 비둘기일수록 중금속에 오염된 도심지 생활에 이점이 있다고 주장했다.

멜라닌 색소는 아연이나 납과 같은 금속 이온과 쉽게
결합하는 특성을 가지기 때문에 어두운색 깃털일수록 혈류 속
중금속과 더 많이 결합할 것으로 가정했습니다.

저도 이 실험에
참여했습니다.

그녀는 파리 도심에 사는 야생 비둘기 97마리를 잡아 각 날개에서
가장 긴 깃털 두 개를 뽑아서 아연과 납의 농도를 측정했다.
그리고 야외 새장에서 1년 동안 키운 후 같은 자리에서 자란
깃털을 다시 뽑아 농도를 측정했다.

톡!

그 결과 어두운색 새의 깃털에서
아연의 농도가 더 높았습니다.

어두운색의 비둘기일수록 더 많은 아연을 혈류에서 제거할 수 있다는 뜻이었다.
이는 장기적으로 새의 건강에 긍정적인 영향을 끼칠 것이며, 따라서 도심에 어두운색 비둘기가 더 많은 것으로 보였다.

멋진 생각이지만
아직 확신할 수
없습니다.

샤틀랭의 연구는 증거가 부족합니다.

벨기에 앤트워프 대학교의 행동 생태학자
마르셀 에인스(Marcel Eens)

그녀는 깃털의 중금속 농도만 측정했을 뿐 새의 혈액에서 직접 중금속 농도를 측정하지 않았습니다.

또한, 깃털은 털갈이를 비롯해 여러 이유로 빠지기 때문에 혈액에서 충분히 중금속을 제거할 가능성은 거의 없습니다.

에인스는 어두운색의 비둘기가 도심에 많은 이유를, 그들이 더 대담하고 공격적이기 때문에 경쟁이 치열한 도시 환경에 더 성공적으로 적응할 수 있었을 것이라고 제안했다.

그런데 어째서 비둘기들은 이래저래 더 뛰어난 능력을 지닌 어두운색으로 진화하지 않고, 다양한 색깔을 유지하고 있을까요?

분명 멜라닌 기반의 깃털 색이 가지고 있는 이점은 배우자를 선택할 때 중요한 표시로 작용할 것입니다.

그러나 투자에 비용이
따르는 것은 자연의 이치입니다.

멜라닌 기반 색상을 유지하는 데는
생각보다 많은 에너지가 소비됩니다. 더욱이
어두운색의 개체는 더 높은 면역 기능을 유지하다
보니 체중 손실이 큽니다.

그리고 멜라닌과 상호 작용하는
면역계가 모든 유형의 기생충을
통제한다는 보장은 없습니다.

독수리의 경우 진한 색의 개체는 밝은색의
개체보다 체내 기생충에 잘 감염되지만,
피를 빠는 체외 기생충의 수는 더 적었다.

따라서 일부 이점이 있음에도 불구하고 종 전체가 진한 색으로 진화하지 않은 것은
다양한 환경 변화에 적응하기 위해 종 내의 다양성을 유지하기 위함으로 보인다.

제가 조사한 바로도 파리 도심에서
밝은색의 개체는 32퍼센트 정도를
유지하고 있었습니다.

멜라닌은 인간을
비롯해 자연계에서
광범위하게 활용되고
있기 때문에

뉴스 업데이트 ver.01

리사 자캥 박사의 비둘기 연구는 이후에도 이어졌습니다. 2016년의 연구에서 자캥 박사는
비둘기의 색이 스트레스 반응과 관련이 있는지를 알아 보았고, 그 결과 어두운색 비둘기가
밝은색 비둘기보다 스트레스 반응의 다양성이 높다는 결론을 내렸습니다. 이러한 반응의 차이는
주변 환경에 유전적·후생적으로 적응한 결과라고 할 수 있겠습니다.

2장

손가락 주름의 우여곡절

#교감_신경 #레인_타이어_가설
#가설과_검증

그는 몇 달 전 손바닥이 깊게 베이는 사고를 당해 병원을 찾았다가
수술을 앞두고 도망쳤던 사람이다.

세 번째 손가락에 주름이 안 생겨요.

예? 그게 무슨 뜻인지….

물에 손을 오래 담그고 있으면 손가락 끝이 쭈글쭈글해지잖아요.

근데 손을 다친 후로 세 번째 손가락에 주름이 안 생겨요.

······

1930년대에 정중 신경이 손상된 환자에게서 손가락 주름이 생기지 않는다는 사실이 처음 학계에 보고되었다.

이후 의학계에서는 손가락 재접합 시술을 받은 환자들에게서도 이러한 증상이 관찰된다는 보고가 이어졌다. 이런 사례들은 놀랍게도 손가락 주름이 물 먹은 종이마냥 물만 만나면 저절로 생기는 것이 아니라 신경계와 관련되어 있다는 것을 강하게 제시하고 있었다.

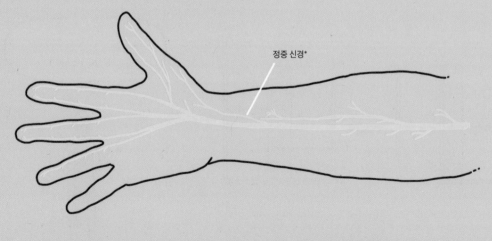

정중 신경*

* 정중 신경(median nerve): 팔의 말초 신경 중 하나로 일부 손바닥의 감각과 손목, 손의 운동 기능을 담당한다.

흔히 경험하듯 손가락과 발가락을 물에 담그고 있으면 얼마 지나지 않아 쭈글쭈글해지는 괴이한 현상이 일어난다.

제아무리 손이 곱고 예쁜 사람이라도 이 쭈글쭈글한 주름을 피할 수가 없다.

으허, 좋다.

그렇다고 물에 담갔다고 해서 모든 피부에 주름이 생기는 것도 아니다.

오로지 손가락과 발가락에서만 일어나고, 건조해지면 다시 원래 상태로 돌아간다.

우리 몸에서도 눈으로 쉽게 볼 수 있는 부위에서 일어나는 이 괴상망측한 현상에 관심이 가는 것은 매우 당연한 일이었다.

왜 손가락이나 발가락을 물에 담그고 있으면 쭈글쭈글해질까?

처음에는 삼투압 때문에 바깥쪽 피부가 팽창한 것으로 생각했다. 손가락을 물에 담그면 물이 피부로 기어들어 와 피부 외곽 층이 팽창해서 쭈글쭈글해진다는 것이다.

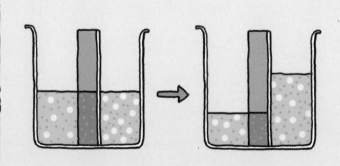

그러나 삼투압 현상만으로는 손가락 주름을 설명하지 못하는 부분이 있습니다.

농도가 다른 두 용액은 서로 농도가 같아지려는 경향이 있다. 그러나 반투막으로 막으면 덩치 큰 분자들은 막을 통과하지 못한다. 그래서 덩치가 작은 물 분자들이 농도가 높은 쪽으로 건너가서 농도를 낮추게 되는 것을 삼투압 현상이라고 한다.

바로 앞서 이야기했듯 자율 신경에 손상을 입은 환자들에게서는 손가락 주름이 생기지 않는다는 사실이었다.
만약 손가락 주름이 삼투압 현상 때문이라면 신경계 손상 여부와는 상관없이 일어나야 한다.

그래서 손가락 내부 조직층의 압력 변화와 관련이 있다는 의견이 제시되었다. 혈관의 수축으로 인해
내부의 부피가 줄어들기 때문이라는 것이다. 혈관의 수축과 팽창은 자율 신경에 의해 조절되기 때문에
이 주장은 손가락 주름 현상을 설명할 수 있는 매우 유력한 후보로 떠올랐다.

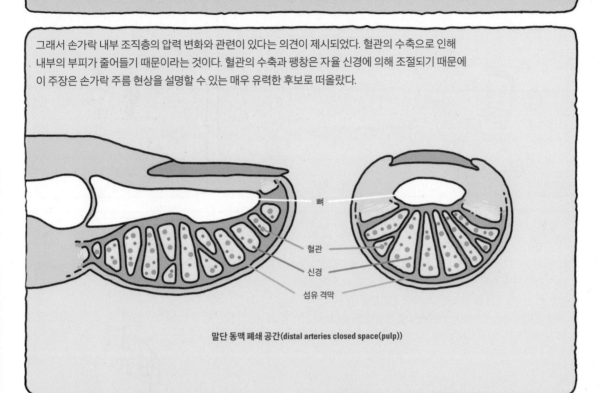

뼈

혈관

신경

섬유 격막

말단 동맥 폐쇄 공간(distal arteries closed space(pulp))

후속 연구들은 이 가설에 힘을 실어 주었다.
손가락을 따뜻한 물에 담그고 혈류 변화를
측정해 혈관 수축을 확인했다.

손가락 재접합 후 손가락 주름이 생기지 않는
환자를 대상으로 같은 실험을 했을 때는
혈류량이 증가하는 것 역시 확인되었다.

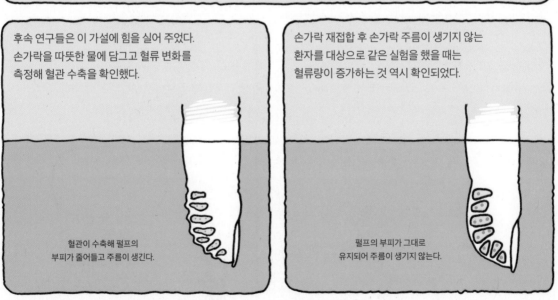

혈관이 수축해 펄프의
부피가 줄어들고 주름이 생긴다.

펄프의 부피가 그대로
유지되어 주름이 생기지 않는다.

이로써 손가락 주름은 교감 신경에 의한 혈관 수축과 직접 관련되어 있음이 증명되었다.

그러면 따뜻한 물에서 손가락 혈관은 왜 수축하는 것일까?
손가락을 따뜻한 물에 담그면 땀을 통해 온도를 조절할 수 없으니,
신체는 혈관을 수축시켜 유입되는 열을 조절하려 한다는 주장이 있지만,

참고로 추운 날 술을 마시면
혈류량이 증가해 몸이 따스해지지만,
그만큼 체내의 열을 빨리 발산하기
때문에 장시간 야외에 있을 때는
더 위험합니다.

이것은 아직 확실하지 않다.

그 밖에도 손가락 주름에 관한 의문들은 산적해 있다.
손가락 주름은 따뜻한 물뿐 아니라 차가운 물에서도 일어난다.
또 담그는 용액의 농도에 따라서 주름 생성 시간이 달라지기 때문에
삼투압 현상과도 무관하지 않은 것 같다. 똑같이 털이 없는 피부지만,
예를 들면 귀두나 음핵에서는 왜 손가락 주름과 같은 현상이
일어나지 않는지도 여전히 수수께끼다. 손가락 주름에 관한
명확한 메커니즘은 아직 밝혀지지 않았다.

인간은 자신의 손끝에서
일어나는 일조차 아직 완전히
이해하지 못하고 있구나.

한편 손가락 주름과 자율 신경과의 관계가 밝혀지면서
외과에서는 간편하면서도 저렴한 신경 손상 시험을 개발해
주목받고 있다. 지금까지 신경 손상을 확인하는 방법으로
널리 이용되었던 것은 '두 점 식별(two-point discrimination)'
테스트였다.

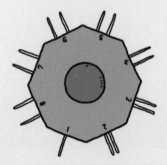

**위급할 때는 던지는 무기로 사용해도 될 것 같은 느낌의
두 점 식별 테스트용 기구**

이 시험을 위해서는 환자의 협조가 필요한데,
세상에는 착한 환자만 있는 것이 아니다.
고주망태로 실려 온 환자를 비롯해
성격 파탄자나 의사소통이 어려운 어린아이,
혼수상태의 환자들도 있다.

XX! 왜 내가
이걸 해야 하는데!
보험 안 되는 거 아냐?

에… 그게…

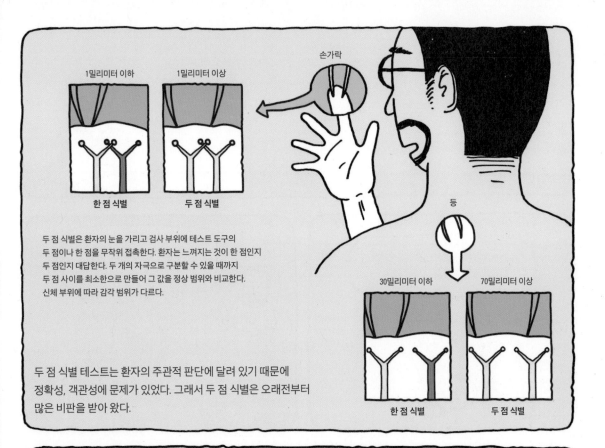

1밀리미터 이하　　1밀리미터 이상

한 점 식별　　　두 점 식별

손가락

두 점 식별은 환자의 눈을 가리고 검사 부위에 테스트 도구의
두 점이나 한 점을 무작위 접촉한다. 환자는 느껴지는 것이 한 점인지
두 점인지 대답한다. 두 개의 자극으로 구분할 수 있을 때까지
두 점 사이를 최소한으로 만들어 그 값을 정상 범위와 비교한다.
신체 부위에 따라 감각 범위가 다르다.

등

30밀리미터 이하　　70밀리미터 이상

한 점 식별　　　두 점 식별

두 점 식별 테스트는 환자의 주관적 판단에 달려 있기 때문에
정확성, 객관성에 문제가 있었다. 그래서 두 점 식별은 오래전부터
많은 비판을 받아 왔다.

그에 비하면 손가락 주름 테스트는 별다른 장비 없이도 간단하게 실행할 수 있으며 환자의 주관이 개입할 수 없다.
특히 의료 시스템이 열악한 곳에서 활용하기에 매우 좋아 보인다. 그래서 용액의 농도, 온도 등의 조건과
그에 따른 주름 생성 시간을 정확히 수치화하기 위한 연구도 진행되었다.

생리학 분야에서 손가락 주름을
향해 이런저런 진전을 이루는 사이,
다른 한쪽에서는 신선하고
용감한(?) 주장이 등장했다.

손가락 주름이 마치 빗길에서 자동차 타이어의
무늬 역할을 한다는 가설(rain tread hypothesis)이었다.

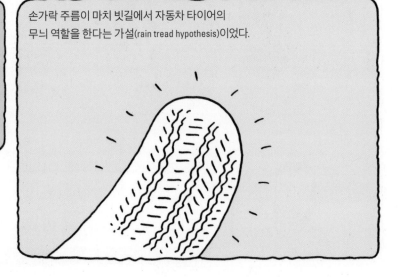

미국 아이다호 주 보이스 시에 위치한 2AI 연구소(2AI Labs)의
마크 챈기지(Mark Changizi) 박사는 2011년 8월, 영장류의 손가락 주름이 젖은 물건을
움켜쥐는 등의 행동을 할 때 물에 미끄러지지 않기 위한 진화적 선택이었다는
'레인 타이어 가설'을 주장하는 논문을 발표했다.

저는 손가락, 발가락 주름 현상은
우연이 아니라고 생각합니다.

왜냐하면, 주름 현상은
교감 신경의 지배를 받으며
일부 영장류에서만 나타나기
때문입니다.

어? 진짜네.

짧은꼬리원숭이(macaque monkey)

손가락이나 발가락의 주름은 젖은 물건을 다룰 때 주름의 홈을 따라 물을 배출하는 역할을 하며,
따라서 마찰력을 높이는 일종의 타이어 무늬와 같은 기능을 한다고 보았다.

경주용 타이어

일반 타이어

타이어의 무늬

무늬가 없는 레이싱 타이어는 접지면을 증가시켜
마른 땅에서 미끄럼을 방지합니다. 반면 무늬가 있는 일반 타이어는
빗길이나 눈길에서 접지면을 확보해 미끄럼을 방지합니다.

챈기지 박사는 보충 자료로 산맥의 형태도 제시했다. 산맥을 하늘에서 내려다보면 정상에서부터 물이 흘러내려 오며 형성된 능선들을 볼 수 있다.

남캘리포니아 산맥의 항공 사진과 등고선으로 그린 양식화. 짙은 회색은 볼록한 산맥, 푸른색은 물이 흐르는 배수망을 나타낸다.

손가락 주름의 형태가 산의 배수망과 비슷하므로 같은 역할을 한다는 것이었다.

사람의 손가락 주름을 높낮이로 표현. 푸른색은 물이 배수될 수 있는 오목한 주름을 나타낸다.

물론 이 밖에도 몇 가지 근거가 더 있습니다.

손에 주름이 나타나는 시간은 평균 5분 내외로 적절한 때에 발현된다. 비가 올 때처럼 그 능력이 필요할 때는 적절히 빠르며, 과일을 먹을 때 과즙에 손이 젖는 상황에서 나타나기에는 느린 시간이다.

물기가 있다고 시도 때도 없이 나타나는 것이 아닙니다.

손가락과 발가락을 제외한 어느 곳에서도 주름 현상이 일어나지 않는다.

미끄럼을 방지할 필요가 있는 부분에서만 발현됩니다.

주름 현상은 물에서 가장 빠르게 일어난다.

물은 인류가 일상에서 가장 흔하게 접하는 액체입니다.

와우! 정말 놀랍고 혁신적인 주장입니다.

그렇다면 진짜로 손가락에 주름이 생기면 덜 미끄러운지 직접 실험은 해 보셨나요?

예? 아… 그게 뭐….

하지만 아쉬움은 그리 오래가지 않았다. 2013년 1월 챈기지 박사의 손을 들어 주는 실험 논문이 발표되었다.

그거 제가 해 보겠습니다!

영국 뉴캐슬 대학교 신경 과학 연구소의 행동과 진화 센터 톰 스멀더스 박사와 연구진은 챈기지의 레인 타이어 가설을 확인하는 실험을 했다.

우리는 손가락 주름이 젖은 상태에 대한 기능적 적응이라고 생각합니다.

톰 스멀더스(Tom V. Smulders)

오른손 엄지손가락과 집게손가락을 사용해 물건을 들어 지름 5센티미터의 구멍으로 물건을 통과시켜 왼손으로 받아 상자에 넣는다. 주름이 있을 때와 없을 때 물에 잠긴 물체와 잠기지 않은 물체가 옮겨지는 시간을 각각 측정했다.

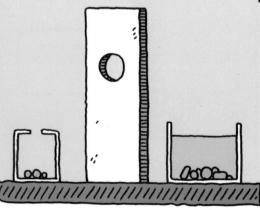

참가자는 스무 명이었다.

물에 잠긴 물체를 집어 드는 실험에서는 물의 굴절 효과를 줄이기 위해 참가자를 굴절 효과가 최소한이 되는 특정 자리에 서서 실험하게 했다.

통과 구멍은 75센티미터 높이에 있다.

45개의 물건(지름이 다른 유리구슬 39개, 무게가 다른 6개의 낚시용 납추)을 옮기는 데 걸리는 시간을 측정했다.

그 결과, 물에 잠긴 물체를 옮기는 것보다 마른 물체를 옮기는 데 걸리는 시간이 평균 17퍼센트 정도 더 빨랐다.

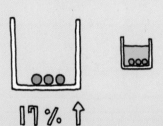

주름이 있는 상태에서 물에 잠긴 물체를 옮기는 속도가 12퍼센트 정도 더 빨랐다.

마른 물체를 옮길 때 걸리는 시간은 주름의 유무와는 상관없이 비슷했다.

마른 물건을 옮길 때 속도에 차이가 없다면 왜 이렇게 유용한 주름이 항상 유지되지 않는 걸까요?

그건 주름진 상태가 손가락의 민감도를 떨어뜨리며 상처에 취약하기 때문이 아닐까요?

챈기지의 레인 타이어 가설은 실험으로 증명되었다. 이 발견은 인류의 진화와 관련된 여러 생각으로 뻗어 나갈 수 있는 실마리를 제공했다.

그의 연구로 인간 진화에 관한 또 하나의 진실이 드러나는 순간이었다.

인류의 조상은 매우 습한 환경에서 살았던 것인가?

목욕탕 비누는 주름진 손가락으로 잡는 게 더 효율적인가?

어류에서 진화해 온 또 하나의 진화 흔적인가?

자동차 타이어 무늬도 빗길에서만 나오게 할 수 있을까?

만세!

그러나

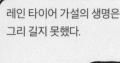

레인 타이어 가설의 생명은
그리 길지 못했다.

젠장!

독일 막스 델브뤼크 센터의 줄리아 하셀레우 박사는
발 빠르게 스멀더스의 실험을 재연했다.

줄리아 하셀레우(Julia Haseleu)

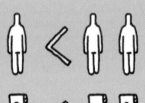

앞의 실험보다 실험 참가자를 두 배로 늘려
40명의 자원 봉사자를 동원해 실험했다.

어깨와 팔의 움직임에 따른 변수를 줄이기 위해
기존의 통과 구멍 높이가 75센티미터인 경우 외에,
45센티미터인 조건에서도 실험했다.

손놀림이 익숙해짐에 따른 변수를 줄이기 위해
이전 실험의 45개보다 더 많은 52개의 물체를 이용했고
재질과 크기 역시 더 다양하게 했다.

우린 실험에
자원봉사자들을
동원했기 때문에 인건비도
줄일 수 있었습니다.

앗! 우린 한 명당
5파운드의 수고비를
지급했는데!

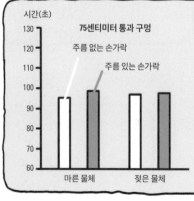

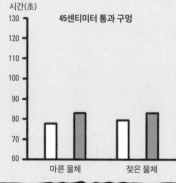

실험 결과 주름진 손가락으로
젖은 물체를 다루는 데 있어
민첩함이 향상되었다는 결과는
도출되지 않았습니다.

또 주름진 손가락은 촉감이 떨어질 것이라는 스멀더스의 추측 역시 진동 자극(vibration stimulus)을 이용해 측정했지만, 주름의 유무에 따른 촉감의 정도는 별 차이가 없었습니다.

안돼!!

그녀는 연구 결과를 2014년 1월 8일 《플로스 원(PLoS ONE)》에 발표했고, 2014년 1월 9일 《사이언스(Science)》에는 스멀더스 박사의 실험을 재연할 수 없었다는 기사가 실렸다.

젠장….

하아—

…그… 뭐….

실망스럽긴 하지만….

우린 알고 있잖아요.

과학은 원래 이렇게 굴러간다는 걸….

어흑~

3장

찻주전자는 어떻게 휘파람을
차지게 불어 댈 수 있을까?

#헬름홀츠_공진기
#유체_역학 #주전자_휘슬

나에게는 그다지 익숙하지 않은 물건이지만

일부 주전자들은 물이 끓으면
휘파람을 부는 재주가 있다.

삐이이이

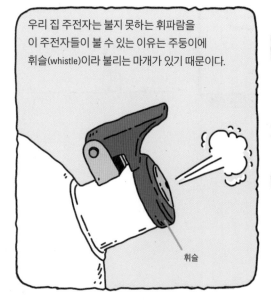

우리 집 주전자는 불지 못하는 휘파람을
이 주전자들이 불 수 있는 이유는 주둥이에
휘슬(whistle)이라 불리는 마개가 있기 때문이다.

휘슬

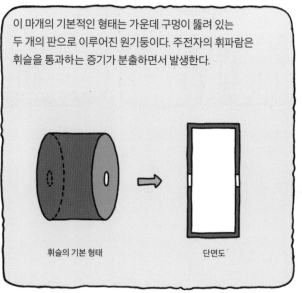

이 마개의 기본적인 형태는 가운데 구멍이 뚫려 있는
두 개의 판으로 이루어진 원기둥이다. 주전자의 휘파람은
휘슬을 통과하는 증기가 분출하면서 발생한다.

휘슬의 기본 형태

단면도

제1차 세계 대전 이후 등장한 장치인 휘슬은 주방에 물을 올려놓고 다른 일에 몰두하다 주전자를 홀라당 태워 먹을 위험으로부터 우리를 구해 냈다. 검게 탄 지옥으로부터 향긋한 차의 세계로 이끄는 희망의 나팔이었다.

하지만 휘슬이 달린 주전자의 꿈같은 날들은 그리 오래가지 못했다.

타이머 기능이 탑재된 전기 포트가 등장한 것이다.

이제는 과거의 향수를 자극하는 골동품 처지가 되었다.

하지만 과학자들은 주전자를 그렇게 보낼 수 없었다.

그들 사이에는 아직 해결되지 않은 문제가 남아 있었다.

바로 지금껏 주전자가 휘파람을 부는 정확한 모델을 제시하지 못했던 것이다.

물론 다른 누구보다 호기심으로 충만해 있는 과학자들이
주전자의 휘파람 소리에 관한 문제를 관심의 경계 밖에 버려둔 것은 아니었다.

1854년 독일의 물리학자 카를 존트하우스(Carl F. J. Sondhauss, 1815~1886년)는 구멍음(hole tone)이라는 단어로 이러한 유형의 문제에 씩씩하게 접근했다. 그는 판 사이의 거리와 이를 통과하는 유속에 따라 음의 주파수가 달라진다고 서술했다. 음향학에 커다란 한 방을 남긴 레일리 경(John William Strutt, 3rd Baron Rayleigh, 1842~1919년)도 새소리(birdcall)라는 단어로 그 현상을 언급했다. 그러나 둘 다 그 현상이 어떠한 원리로 일어나는지 짐작만 했을 뿐, 더욱 정확한 메커니즘을 제시하지는 못했다.
이후의 과학자들도 마찬가지였다.

이러한 진동의 들뜸 상태(excited state)에 관해 많은 부분이 애매한 상태로 남아 있다.

21세기에 이르러 다시 주전자의 차진 휘파람 솜씨에 의문의 시선을 던진 두 사람이 등장한다.

이들은 무려 항공 음향학이라는 무시무시한 학문으로 무장하고 주전자의 뜨거운 증기 속으로 뛰어들었다.

마치 밀폐된 공간에 갇힌 고양이의 행동 양상에 관한 연구에 양자 물리학자가 뛰어든 느낌을 주기는 하지만

고양이는 양자 얽힘 상태로…

무슨 또라이 같은 소리야.

어쨌든 일찍이 제트 엔진의 소음 원인을 밝혔던 아누락 아가왈(Anurag Agarwal) 교수의 지도를 받아 로스 헨리우드(Ross Henrywood)는 찻주전자가 어떻게 휘파람을 그토록 차지게 불 수 있는지 그 정확한 메커니즘과 모델을 제시했다.
그들은 《유체 물리학(Physics of Fluids)》 2013년 10월 호에 관련 논문을 발표했다.

그들은 주전자 내부에서 일어나는 모든 요소를 통제할 수 있게
다음과 같은 실험을 설계해 수백 잔의 차를 끓이는 수고를 덜 수 있었다.

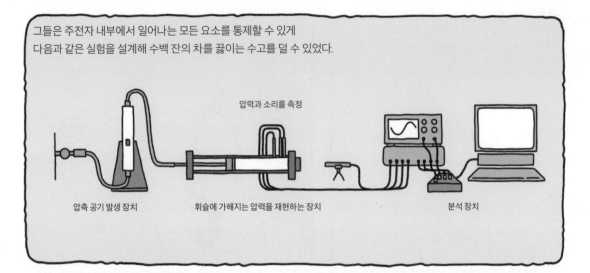

압력과 소리를 측정

압축 공기 발생 장치　　　휘슬에 가해지는 압력을 재현하는 장치　　　분석 장치

그리고 앞서 존트하우스가 밝혀냈던 대로
다양한 높이의 휘슬도 준비했다.

그들은 이렇듯 그다지 '항공' 음향학답지 않은 방법을
통해 휘슬 달린 주전자 주둥이에서 두 가지 현상이
일어난다는 사실을 밝혀냈다.

뭘 기대한 거요?

뭔가 거대한 엔진과
무지막지한 스팀 장치로….

먼저 증기의 속도가
느릴 때는 헬름홀츠
공진기(Helmholtz resonator)
와 같은 현상이 일어난다.

헬름홀츠 공진기는 헤르만 폰 헬름홀츠(Hermann von Helmholtz, 1821~1894년)가
고안한 기계로, 여러 주파수로 이루어진 악음(樂音, musical tone)을 하나의
주파수로 된 순음(純音, pure tone)으로 만들어 준다.

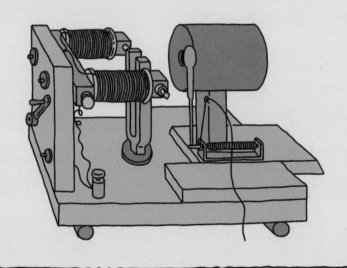

얼핏 보면 고문 기계처럼 생겼는데
좀 더 단순하고 친근한 물건으로는,
빈 유리병을 떠올리면 된다.

유리병 입구를 불 때 소리가 발생하는 현상은
헬름홀츠 공진기와 기본적으로 같다.

입김으로 생긴 공기가 유리병 안으로
밀고 들어가면 유리병 내부의 압력이 상승한다.
그러면 병 내부 공기는 높아진 압력으로 인해
다시 위로 미는 힘을 발생시킨다.

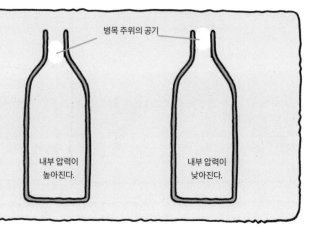

이렇게 병목 주위의 공기가 압력으로 인해 스프링처럼 진동하며 소리가 나는 것이다.
우리가 입으로 내는 휘파람도 이 원리로 나는 소리다. 주전자에서는 휘슬 내부의 공기가
진동하면서 소리가 발생한다.

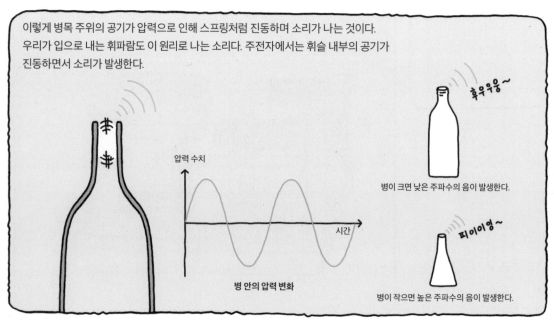

증기의 속도가 빨라져 특정 수치를
넘어서면 휘파람을 부는
두 번째 메커니즘이 발생한다.

물이 끓으며 증가한 압력은 증기를 주전자 주둥이 쪽으로 밀고,
증기가 휘슬의 좁은 구멍을 통과하며 압축과 분출이 일어난다.
마치 호스에서 물이 분출할 때처럼, 압력으로 인해 증기는
불안정하게 흐트러지며 분출한다. 그래서 증기는 휘슬에서
쉽게 빠져나가지 못하고 두 번째 휘슬 벽에 부딪혀 작은 파장을
형성한다. 이 파장은 휘슬에서 빠져나가며 회오리를 형성하고
소리를 방사한다.

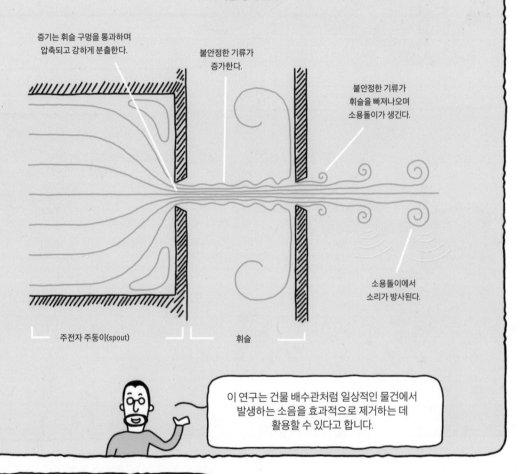

증기는 휘슬 구멍을 통과하며
압축되고 강하게 분출한다.

불안정한 기류가
증가한다.

불안정한 기류가
휘슬을 빠져나오며
소용돌이가 생긴다.

소용돌이에서
소리가 방사된다.

주전자 주둥이(spout)

휘슬

이 연구는 건물 배수관처럼 일상적인 물건에서
발생하는 소음을 효과적으로 제거하는 데
활용할 수 있다고 합니다.

이들은 다음으로 고속 손 건조기의
방음 장치를 만드는 프로젝트에
착수했다고 한다.

내 손이 이미 말라 있다!

아마도 옆 사람이 눈치채기 전에 손을 말려 버리는
엄청난 시대가 곧 도래할 것으로 보인다.

4장

누가 내 주머니 속의
이어폰을 꼬았을까?

#매듭_이론 #존스_다항식 #과학의_규모

옛날 옛적 아나톨리아 지역에 위치한 프리기아
(지금의 터키 지역)

흑해

트라키아

파프라고니아

비티니아

폰투스

미시아

갈라티아

프리기아

리디아

이오니아

리카오니아

카리아

피시디아

팜피리아

키리키아

지중해

리키아

이곳에는 '고르디우스의 매듭'이라는 것이
있었다고 한다.

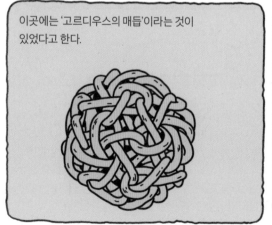

얼마나 미친 듯이 꼬아 놓았던지 수천 년 동안
누구도 풀지 못했다는 매듭으로, 이것을 푸는 자가
아시아를 지배할 것이라는 이야기가 전해졌다.

뭐? 기껏 매듭 하나 풀었다고
아시아를 지배해?

도대체 어떻게 꼬아 놓았을지 짐작은 가지 않지만

뒤적
뒤적

종종 가방 속에서
굴러다니던 이어폰을
꺼낼 때면,

짜증나!

'이것이 고르디우스의 매듭이란 것이구나.'라고
느껴질 때가 있다.

왜 내게 이런
시련을….

이런 인내심이라면
우주도 지배할 수
있겠군!

고르디우스 매듭은 훗날 알렉산더 대왕이 풀었다고 하는데

그런데 그 방법이라는 것이
참으로 군인다웠다.

이걸 풀면 아시아를
지배할 수 있다고?

흠.

싹
둑

단칼에 끊어 버렸단다.

됐지?

물론 우리도 미친 듯 꼬여 있는 이어폰이나 노트북의
어댑터 선과 마주하면, 성질 같아서는 알렉산더 대왕의 기개로
끊어 버리고 싶지만 그것은 현명한 해결책이 될 수 없다.

뭐 인마?

기가 차군….

그래서 단순 무식한 알렉산더와 달리 젠틀했던 과학자들은 다른 방식으로 '고르디우스의 매듭'에 접근했다.

2007년 10월 16일 캘리포니아 대학교 샌디에이고 캠퍼스의 물리학과 조교수
더글러스 스미스와 당시 그의 학생이었던 도리언 레이머는 꼬인 줄을
잘라 버리는 대신, 왜 꼬이며, 어떤 식으로 꼬이는지 밝히기 위해
연구를 수행했다. 그 결과는 《국립 과학원 회보(Proceedings of the National
Academy of Sciences)》에 발표되었다.

더글러스 스미스
(Douglas Smith)

도리언 레이머
(Dorian Raymer)

푸
덥!

좀생이들 아니랄까 봐
그딴 걸 연구하고 앉아 있냐.
그냥 잘라 버리면 되지!

뭐라구요! 좀생이?

뭐?

아닙니다, 대왕님.

그들은 컴퓨터로 회전을 제어할 수 있는 플라스틱 박스에
줄을 넣고 돌렸다. 상자의 크기와 회전 속도, 회전 시간, 줄의 길이,
줄의 뻣뻣함 정도를 달리하며 3,415번의 실험이 이루어졌다.

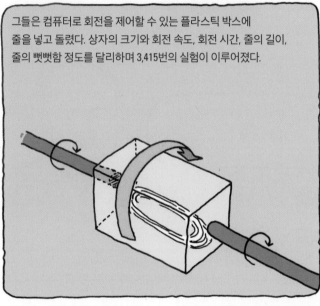

그런데 이렇게 만들어진
매듭을 눈으로 보고 차이를
구분하는 건 거의 불가능합니다.

왜 그렇죠?

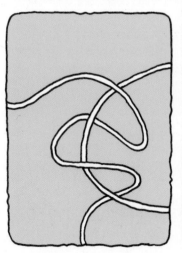

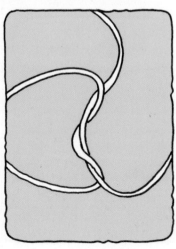

자, 옆에 두 끈은 같은
걸까요, 다른 걸까요?

어… 그게….

따라서 우리는 매듭이 꼬이는 유형, 그러니까 예를 들면 밑으로 교차했는지, 위로 교차했는지, 왼쪽인지 오른쪽인지 등을 구분하고 몇 번 교차했는지를 계산하는 프로그램을 개발했습니다.

물론 여기서 끝난 건 아닙니다. 프로그램이 뱉어 놓은 것은 한 뭉치의 숫자일 뿐이니까요.

존스 다항식을 이용해 이 숫자들을 다시 매듭 유형별로 분류했습니다.

존스 다항식

그게 뭐야?

저도 잘….

존스 다항식(Jones polynomial)은 1984년 뉴질랜드 수학자 본 존스가 발견한 매듭 이론에 관한 다항식입니다.

본 존스(Vaughan Jones)는 캘리포니아 대학교 버클리 캠퍼스의 명예 교수이며 1990년 필즈상을 수상했다.

매듭 이론

뭔지는 모르겠지만 왠지 무섭다!!!

그럼 이 기회에 매듭 이론에 대해 간단히 공부해 볼까요?

흐흐흐….

말 여물 주러….

아차! 마감이 있었지.

매듭 이론은 수학 중에서도 위상학의 한 분야다. 위상학은 '위치에 관한 연구'를 뜻하는데
쾨니히스베르크 다리 문제는 위상학이 무엇인지를 명확하게 보여 주는 좋은 예다.

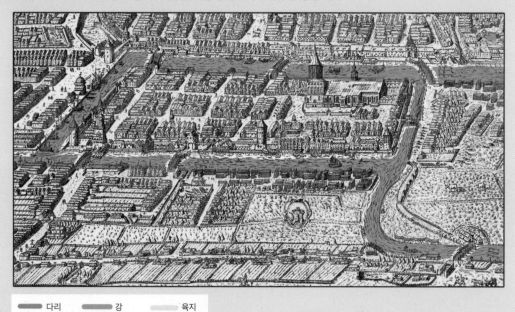

🔴 다리 🔴 강 🔴 육지

7개의 다리를 한 번씩만 거치는 경로가 있는지를 찾는
문제로 1735년 수학자 오일러(Leonhard Euler, 1707~1783년)는
그런 경로가 없다는 것을 증명했다.

궁금하면
직접
찾아보시길.

이 문제의 핵심은 복잡한 지도 위에서
섬과 다리의 정확한 위치가 아닌, 연결된 방식이다.
지도를 더 단순화해 보자.

그리고 다시 다리와 길이 연결된 패턴을
점과 선으로 간단히 하면 다음과 같다.

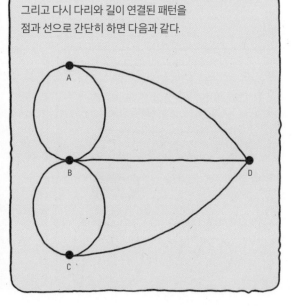

매듭 이론도 핵심은 같습니다.

눈에 보이는 형태가 동일할 때 '같다'라고 말하는 것은 쉽다.

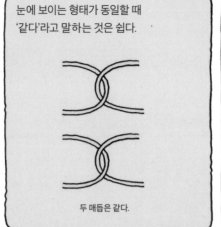

두 매듭은 같다.

그러면 '다르다'라는 것은 어떻게 증명할 수 있을까요? 겉모양은 기준이 될 수 있을까요?

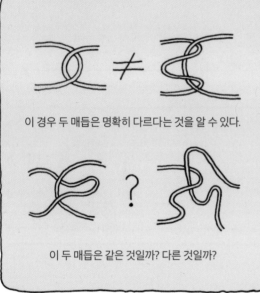

이 경우 두 매듭은 명확히 다르다는 것을 알 수 있다.

이 두 매듭은 같은 것일까? 다른 것일까?

겉모양만으로 두 매듭이 다른지를 증명하려 한다면 무한대의 매듭과 비교해야 하는 지옥에 빠지게 된다.

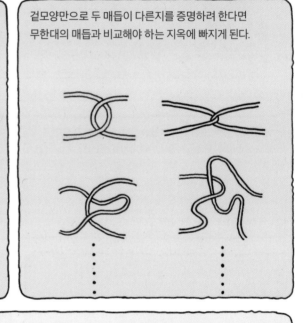

그러나 앞의 '다리 문제'에서 보았듯 겉모양에 현혹되지 않고 연결된 패턴을 도식화하면 간단히 해결되지요.

두 매듭 모두 두 번 교차한다.

이렇듯 간단히 말해 매듭 이론의 핵심은 두 매듭이 동일한지 여부를 연구하는 학문입니다. 매듭 이론은 3차원 구조를 수학적으로 분석합니다.

매듭 이론의 여러 도안들. 매듭 이론에서는 양 끝이 연결된 매듭을 이용한다.

매듭에서 교차 수는 매듭의 특징 중 하나지만, 그렇다고 매듭을 서로 구별하는
유일한 기준이라고 말하기는 힘들다. 교차 수 외에도 교차 패턴 역시 매듭을 구별 짓는 특징이기 때문이다.
그런데 교차 수만 세어서는 교차 패턴을 알기 어렵다.

위의 세 매듭은 모두 6의 교차 수를 가지고 있지만,
같은 매듭이라고 보긴 힘듭니다.

1928년 제임스 워델 알렉산더 2세
(James Waddell Alexander II, 1888~1971년)는 부분적이지만
매듭 패턴을 대수학적으로 표현할 수 있다는 사실을
발견했다. 이를 '알렉산더 다항식'이라고 부른다.

나랑 이름이 같네!

그러나 알렉산더 다항식은 완벽하지는 않았다.
매듭의 패턴 차를 충분히 구분할 수 없었기 때문이다.

$$x^2 - x + 1$$
알렉산더 다항식에서 두 매듭의 수식은 같다.

이후 등장한 존스 다항식으로, 알렉산더 다항식으로는
구별할 수 없었던 매듭의 거울상(mirror image)을 구별할 수 있다.

$$x + x^3 - x^4$$ $$x^{-1} + x^{-3} - x^{-4}$$

이로 인해 매듭 이론은 눈부시게 발전했다.
현재 매우 활발하게 연구되고 있는
수학 이론으로, 고분자 물리학, 통계 역학,
양자장 이론, 분자 생물학 등 많은
과학 영역에서 활용되고 있다.

제가 이 연구에 참여한 것도 매듭 이론에 흥미를 느꼈기 때문입니다.

도리안 레이머

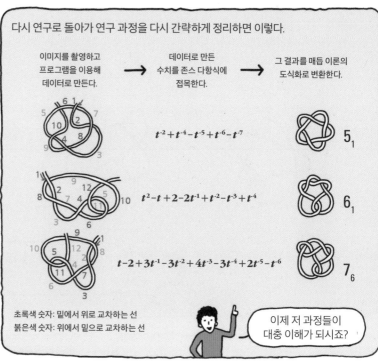

다시 연구로 돌아가 연구 과정을 다시 간략하게 정리하면 이렇다.

이미지를 촬영하고 프로그램을 이용해 데이터로 만든다.

데이터로 만든 수치를 존스 다항식에 접목한다.

그 결과를 매듭 이론의 도식화로 변환한다.

$t^{-2} + t^{-4} - t^{-5} + t^{-6} - t^{-7}$

5_1

$t^2 - t + 2 - 2t^{-1} + t^{-2} - t^{-3} + t^{-4}$

6_1

$t - 2 + 3t^{-1} - 3t^{-2} + 4t^{-3} - 3t^{-4} + 2t^{-5} - t^{-6}$

7_6

초록색 숫자: 밑에서 위로 교차하는 선
붉은색 숫자: 위에서 밑으로 교차하는 선

이제 저 과정들이 대충 이해가 되시죠?

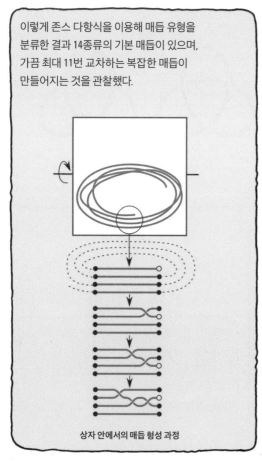

이렇게 존스 다항식을 이용해 매듭 유형을 분류한 결과 14종류의 기본 매듭이 있으며, 가끔 최대 11번 교차하는 복잡한 매듭이 만들어지는 것을 관찰했다.

상자 안에서의 매듭 형성 과정

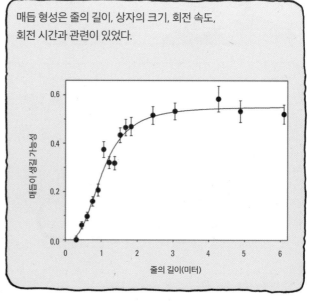

* 그림 및 그래프는 모두 Raymer & Smith(2007)에서 인용했다.

매듭 형성은 줄의 길이, 상자의 크기, 회전 속도, 회전 시간과 관련이 있었다.

매듭이 생길 가능성

줄의 길이(미터)

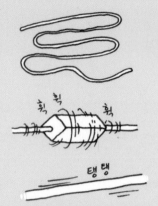

약 15센티미터 이하일 때는 짧아서 잘 꼬이지 않으며,
152센티미터 이상일 때도 상자에 꽉 차기 때문에 잘 꼬이지 않는다.

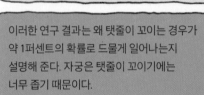

상자의 회전이 너무 빠르면 원심력으로 인해 잘 꼬이지 않는다.

줄이 뻣뻣할수록 잘 꼬이지 않는다.

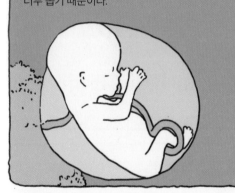

상자가 작을수록 잘 꼬이지 않는다.

이러한 연구 결과는 왜 탯줄이 꼬이는 경우가
약 1퍼센트의 확률로 드물게 일어나는지
설명해 준다. 자궁은 탯줄이 꼬이기에는
너무 좁기 때문이다.

그리고 이어폰 줄의 꼬임을 방지하려면 주머니가 작은 옷에 넣고
매우 빠르게 재주를 넘으며 다녀야 한다는 이야기다.

핫핫핫! 정말 멋진
해결책이군!

…라고 말할 리가 없잖아!

무슨 이런 개똥 같은
연구가 다 있나!

제가 이 연구를 시작한 것은
이어폰 줄이 절대 꼬이지 않도록
하는 해결책을 찾기 위해서가
아니었습니다.

과학의 규모는 나날이 거대해지고 있다.
2008년 완성된 유럽 입자 물리학 연구소(CERN)의
대형 강입자 충돌기(Large Hadron Collider, LHC)의 경우
우리 돈으로 4조 6000억 원이 투입되었으며,
80개 국가 7000여 명의 연구자가 참여하고 있다.

강입자 충돌기

3.7킬로미터

프랑스

스위스

2013년부터 유럽 연합에서 시작한
인간 뇌 프로젝트(Human Brain Project, HBP)는
슈퍼컴퓨터를 이용한 인간 뇌의 시뮬레이션을
목표로 하고 있다. 이 프로젝트에 투입되는
자금은 무려 1조 7000억 원이며 전 세계 80개
이상의 기관들이 참여한다.

Human Brain Project

이 밖에도 현대 과학의 최전선에서 이루어지고 있는 연구에 투입되는 인원과 자금 규모는 상상을 초월한다.
그러나 이런 거대한 것만이 과학은 아니다. 그리고 과학이 원래부터 이렇게 거대했던 것만도 아니다.

우리는 다른 이들에게
과학적 영감을 불어넣어
주고 싶었습니다.

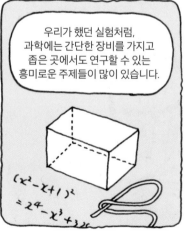

우리가 했던 실험처럼,
과학에는 간단한 장비를 가지고
좁은 곳에서도 연구할 수 있는
흥미로운 주제들이 많이 있습니다.

과학에서 규모는
중요하지 않습니다.
필요한 것은 호기심과
좋은 질문을 갖는 것입니다.

2부

커피 잔 속의
태풍 이야기

김명호의 기발한 과학 뉴스

5장

이유 없는 개똥 없다

#자기_정렬 #지구_자기장
#연구자와_연구_대상

지난 2014년 1월 《동물학의 프론티어(*Frontiers in Zoology*)》
에는 재미있는 논문이 수록되었다.

개가 똥, 오줌을 눌 때

지구 자기장을 감지해 북-남으로 몸을 향해
볼일을 본다는 주장이었다.

독일 뒤스부르크에센 대학교와 체코 생명 과학 대학교 연구진은
무려 2년간 7475회에 걸쳐 37종, 70마리 개들이 배변 혹은
배뇨하는 모습을 조사했다.

그 데이터를 분석하면서 바람의 영향, 시각 및 태양의 각도를 제외하자, 개가 볼일을 보는 위치와 방법을 결정하는 데 결정적 역할을 하는 요인이 지구 자기장인 것으로 나타났다.

연구진은 하루 중 지구 자기장이 안정된 낮 시간대에 개들이 자기 정렬(magnetic alignment) 행동을 보였다고 주장했다.

개들은 자기장이 고요할 때만 그렇게 행동합니다. 지자기 관측소에서 공개하는 실제 매일의 자기력 기록(magnetogram)을 살펴보지 않는 한 우리 스스로는 이 변화를 인지할 수 없습니다.

이번 연구를 이끈 독일 뒤스부르크에센 대학교의 하이네크 부르다(Hynek Burda)

호, 재미있기는 한데….

이 무슨 개똥 같은 연구란 말이오!

그러나 한낱 괴짜 과학자들의 장난스러운 연구로 치부하기에는 2년간 37종 70마리의 개가 똥오줌 누는 것을 관찰해야 했던 연구진의 노고가 눈물겹기까지 하다.

그들은 대체 어떤 과학적 의의를 찾으려고 개들이 지구 자기장에 맞춰 똥, 오줌을 누는 것 따위를 연구한 것일까. 자못 궁금하지 않을 수 없다.

여러 사람이 오랜 시간에 걸쳐 노력했다면 분명 나름의 이유가 있어서일 것이다.

혹시 올해의 이그노벨상(Ig Nobel Prize)을 노리고?

어허!

그들은 왜 하필 생물의 지구 자기장 감지를 개 똥 누는 자세에서 찾으려 했는지 그 뒤(!)를 쫓아 보자.

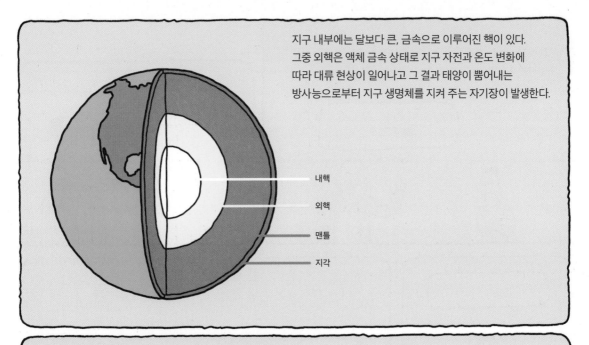

지구 내부에는 달보다 큰, 금속으로 이루어진 핵이 있다. 그중 외핵은 액체 금속 상태로 지구 자전과 온도 변화에 따라 대류 현상이 일어나고 그 결과 태양이 뿜어내는 방사능으로부터 지구 생명체를 지켜 주는 자기장이 발생한다.

내핵

외핵

맨틀

지각

지구 생물들은 태초부터 지구의 자기장에 노출되어 있었고, 따라서 과학자들은 당연히 진화에서도 유무형의 영향을 끼쳤을 것이라 유추했다.

현재 지구 자기장과 생물에 관한 연구는 활발히 이루어지고 있다. 여러 생물에서 지구 자기장을 나침반처럼 사용하는 자기 나침반(magnetic compass)과 자기 탐색(magnetic navigation)에 관해서는 많은 연구와 진척이 있었다.

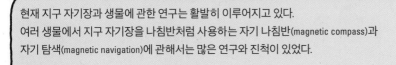

비둘기의 윗부리에는 고농도의 철 입자가 있다.

비둘기가 방향을 바꿔도 철 입자들은 나침반의 바늘처럼 자북을 향한다.

N

N

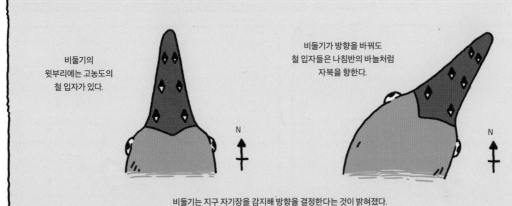

비둘기는 지구 자기장을 감지해 방향을 결정한다는 것이 밝혀졌다.

그러나 하이네크 부르다는 자기 나침반 이론과는 조금 다른 자기 정렬을 다루고 있다.

자기 정렬은 지구 자기장에 대한 생물의 가장 단순한 반응입니다.

자기 나침반이 귀소(homing) 및 이동(migration)과 같은
목표 지향이라면, 자기 정렬은 휴식이나 사냥, 배변, 은폐와 같은
고정 지향성 응답(fixed directional response)이다.

일종의 주성(走性, taxis)이라고
할 수 있죠.

어려운 단어들이
많아서 뭔 소린지 잘….

비슷한 현상을 예로 들자면,

악어와 같은 변온동물들이 태양 빛에 몸을 적게, 혹은 많이 노출하기 위해
몸의 방향이나 각도를 조정하는 행동인 열에 대한 정렬(thermo-alignment),

따뜻하다….

흐르는 물에서 저항을 줄이고 먹이와 산소를 더 쉽게
얻기 위해 물살 쪽으로 머리를 향하는 물고기에서
볼 수 있는 흐름에 대한 정렬(rheo-alignment),

허우적

소나 양 같은 동물이 바람이 불 때 저항을 줄이고
열 손실, 포식자로의 냄새 확산을 막으려는
바람에 대한 정렬(anemo-alignment)이 있습니다.

춥다!

동물의 예를 드는 데 절 이용하지 마세요!

자기 정렬은 1950년대 후반부터 연구되었지만, 시간이 지나며 관심은 크게 감소했으며, 척추동물에서의 자기 정렬 연구는 많이 이루어지지 않았다.

자기 정렬의 가장 대표적인 예로는 주자성 박테리아를 들 수 있습니다. 몸 안에 자철광 결정을 지닌 박테리아로 해수에서 지자기장을 이용해 방향을 감지합니다.

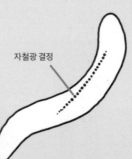

자철광 결정

주자성 박테리아. 박테리아의 형태 및 내부에 가지고 있는 자철광 결정의 크기나 수는 종에 따라 매우 다양하다.

부르다의 연구팀은 2008년 소와 사슴, 말, 여우 등의 동물에서 자기 정렬을 관측해서 보고했다.

전 세계 308곳의 목초지에서 소가 어느 방향으로 몸을 지향하는지 측정해 소가 지자기적(geomagnetic) 북-남 방향으로 몸을 정렬한다는 것을 확인했습니다. 소는 풀을 뜯을 때보다 쉬고 있을 때 자기 정렬 경향이 더 확연히 나타났습니다.

고압 전력선 인근에서는 소들의 지향성이 무작위로 나타났습니다. 이 데이터는 우리의 주장을 뒷받침해 주는 증거 중 하나입니다.

이처럼 자기 정렬 연구의 연장선상에서 부르다는 개를 선택한 것이다.

개는 매우 뛰어난 회귀 능력을 지닌 동물이며,
매우 넓은 행동 범위와 뛰어난 방향 능력을 지닌
늑대의 후손으로서 자기를 감지할 가능성이
예상되었기 때문입니다.

뭐?

누구야?

뭐?

그런데 왜 하필 자기 정렬을
개가 용변을 보는 것에서
찾으려 한 것입니까?

매일같이 규칙적인 행동을 관찰해야 하는
연구 특성상 일상적이지 않은 특정 행동을 요구하면
데이터의 왜곡이 일어날 가능성이 있습니다.
특히 개는 사람과 밀접한 관계를 맺고 있으며
민감한 동물이기 때문에 연구자의 표정이나 행동을
읽고서 그가 기대하는 행동을 할 가능성이
있었기 때문입니다.

이제 뭐할까?

응?   뭐?

뭐?

그 밖에도 정확한 연구를 위해
자기장의 강도와 편차, 데이터 수집
시간대, 태양의 유무 등 여러 가지
변수를 고려했습니다.

하지만 솔직히 말해서, 자기 정렬이란 개념은
좀 모호한 것 같습니다. 이번 연구도 왠지 현상을
의미에 끼워 맞춘 것 같은 느낌도 들고….

이해합니다. 사실 자기 정렬은
논란이 있는 개념입니다.

왜냐하면, 자기 정렬은 행동의 기저에 깔려 있는 현상이기 때문이다.

따라서 동물의 그러한 행동이 자기장 때문인지, 아니면 태양이나 바람 등의 다른 요인 때문인지 밝히기가 쉽지 않습니다.

자세한 메커니즘이나 의미도 아직 밝혀지지 않았다.

이번 연구에서도 개가 의식적으로 자기 정렬을 하는지, 그렇다면 편안함이나 불편함 같은 느낌을 받아서인지, 그리고 어떤 감각으로 지자기를 느끼는지 알아내지 못했습니다.

무엇보다 자기장은 우리가 볼 수 있는 것이 아니기에, 다른 현상으로 미루어 생물의 자기 정렬을 판단해야 한다.

자기 정렬은 민감한 행동 반응이기 때문에 연구를 위해서는 대상이 관찰자의 존재를 전혀 눈치채지 않아야 합니다. 자기장 때문인지 관찰자 때문인지 구분할 수 없기 때문이지요. 그래서 비디오카메라나 쌍안경 등을 이용해야 합니다.

인간과 마주하기 싫다.

오! 자기 정렬!

한 예로 우리가 소의 자기 정렬을 조사할 때는 구글 어스를 이용했습니다.

기… 기발합니다.

여러 변수를 대입해 데이터를 처리하기 때문에 그리 편한 것만은 아니었습니다.

부르다 박사는 자기 정렬이 동물의 방향 인식을 도와서 무리가 움직이거나
포식자로부터 회피하는 데 이용되며, 생물이 지구 자기장을 감지하는 기관과
그 메커니즘 연구에 새로운 관점을 제공할 수 있을 것이라 보고 있다.

개똥 같은 연구만은 아니었군요.

!!

이 사람이. 가서 장 좀 보고 오라니까 아직도 안 갔잖아!

그래도 자기 나침반 이론과 명확히 구분이 안 되는데.

여보!

우리는 항상 결과만 보고 판단하지만

…왜 화났는데?

그걸 몰라서 물어?!

사실 결과보다 중요한 것은

음……

지구 자기장 탓?

퍽!

이유와 과정이다.

자꾸 누가 날 쳐다보는 기분이 드는데….

뉴스 업데이트 ver.05

부르다의 연구는 2014년 이그노벨상을 수상하는 쾌거(?)를 이루어 냈습니다.
하지만 그는 개의치 않고 2016년에도 연구 결과를 발표했습니다. 부르다 연구팀은
이번에는 다양한 종의 멧돼지 수천여 마리를 쌍안경으로 관측했습니다. 그 결과
그들에게 북-남 방향을 선호하는 자기 정렬 능력이 있는 것으로 추측되는
연구 결과를 얻었습니다.

6장

세상에서
가장 간절한 경쟁

#성_선택 #정자_경쟁 #톡토기의_전략

예전 교수님의 스튜디오에서 일하던 어느 날.

어휴, 속상해!

왜 그러세요, 교수님?

글쎄 딸아이가 자기 반 남자애한테 먼저 고백했다고 하잖아.

자고로 동물의 세계를 보더라도 수컷이 암컷에게 구애를 하는 게 인지상정인데 왜 딸은 대자연의 법칙을 거스르고 남자에게 먼저 매달리는 거야!

뭐… (따님보다) 키도 크고 멋있게 생겼나 보죠, 뭐.

내 딸이 더 예쁘단 말이야. 에잉!

교수님의 속 쓰림과는 상관없이 외모에 대한 관심은 날로 높아져 가고 있다.

생물학적 측면에서 외모, 즉 시각적인 요소는 상대의 유전자가 건강한지를 판단할 수 있는 요소 중 하나다. 수컷 생물의 화려한 깃털이나 큰 뿔은 암컷에게 자신의 유전적 우수성을 표현하는 한 방법이다.

수컷이 목숨을 걸고 보호색과 생존 적합성과는 전혀 맞지 않는 화려한 색과 크기로 자기 유전자의 우수성을 뽐내는 것도 이런 이유에서다.

1만 1000년 전에 멸종한 아일랜드엘크(Irish elk, *Megaloceros giganteus*)의 거대한 뿔의 의미를 두고 많은 논란이 있었다. 일부 학자들은 이 엘크가 거대한 뿔로 인해 멸종했다고도 주장했다. 그러나 스티븐 제이 굴드(Stephen Jay Gould, 1941~2002년)는 거대한 뿔은 거대한 몸집과 비례해 커진 것뿐이며, 성적 과시용으로 한층 더 큰 뿔을 선호하며 나타난 결과라고 주장했다. 덧붙여 엘크의 멸종은 큰 뿔 때문이 아닌 빙하기 때문이라고 보았다.

그리고 그 목적은 당연히 자신의 유전자를 후세에 전달하는 것이다. 수컷들은 외모를 통한 간접적인 노력 외에도 최종적으로 자신의 정자를 수정시키기 위해 더 적극적인 방법들을 취한다.

일반적으로 정자 경쟁에 놓인 수컷들의 가장 단순 무식한 해결책은 상대보다 더 많은 정자를 만드는 것이다. 많이 뿌려서 당첨될 확률을 높이는 것이다.

그러나 이런 방법이 최선이 될 수는 없다. 정자 생산에는 당연히 에너지가 필요하고, 아무리 많이 만들어도 결국 최종적으로는 암컷에게 선택되어야 하기 때문이다.

두 마리 이상의 수컷들이 자신의 정자를 암컷에 수정시키기 위한 눈물겨운 사투를 정자 경쟁(sperm competition)이라고 한다.

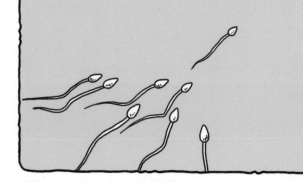

경쟁은 수컷들에게 진화 압력이 되어 효과적으로 자신의 정자를 전달하기 위한 전략과 전술 들을 등장시켰다.

노랑초파리(*Drosophila melanogaster*)의 경우 교미 전 경쟁 수컷에 노출되었을 때는 교미 시간을 늘리고, 교미 중 경쟁 수컷에 노출되었을 때는 교미 시간을 줄이며 상황에 따라 교미 시간을 달리하는 재주를 부린다.

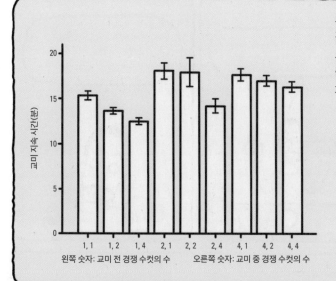

그러나 교미 중 경쟁 수컷에 노출되었을 때 교미 시간이 짧아진다는 결과는 후속 연구가 부족하기 때문에 좀 더 지켜봐야 할 것 같습니다.

캐나다 오타와 대학교
세포 분자 의학부 김우재 교수

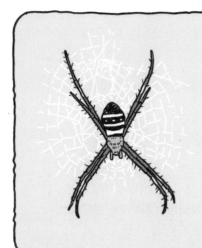

성(聖)앤드루십자가거미(St. Andrew's Cross spider)의 수컷은 더 직접적인 방법을 사용한다. 수컷은 암컷과 교미를 한 후 자신의 음경(과 같은 기관)을 부러뜨려 암컷의 질(과 같은 기관)을 막아 버리는 단호함을 자랑한다.

너무 단호한 거 아냐?!

으덜덜덜

일부 생쥐의 경우 경쟁자가 있을 때 더 많은 암컷과 교미를 하려고 교미 시간을 짧게 가진다. 경쟁자보다 자신의 수정 확률을 높이려는 것이다. 최근 연구에서는 이처럼 난교를 하는 생쥐의 정자는 더 날렵한 유선형의 머리를 가지고 있다고 한다. 경쟁자 수컷들의 정자보다 더 빨리 수정하기 위한 진화 압력이 유전자 조절 단백질에 변화를 일으키는 것으로 보고 있다.

그런데 암컷과 수컷이 서로 만나지 않고 교미를 하는 생물들은 어떨까요?

대부분 이런 교미 방법을 택한 생물들은 체외 수정을 합니다.

암컷은 수컷도 보지 않은 상태에서 무엇을 기준으로 좋은 정자를 판단할까요?

또 수컷들은 자신의 정자가 선택될 확률을 높이기 위해 어떤 조처를 할까?

톡토기목의 톡토기(*Orchesella cincta*)는 2~3밀리미터 정도
크기의 벌레로 낙엽이나 썩은 나무 밑에 사는
절지동물이다. 이 벌레의 교미 방법은 독특하다.

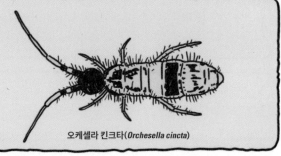

오케셀라 킨크타(*Orchesella cincta*)

수컷과 암컷은 교미를 위해 서로 찾아 돌아다니지 않는다. 대신 수컷은 1,000여 개의
정포(精包, spermatophore, 정자 주머니)를 여러 곳에 놓아 둘 뿐이다. 암컷은 이렇게 널려 있는 정포 중
맘에 드는 것을 골라 체외 수정을 한다.

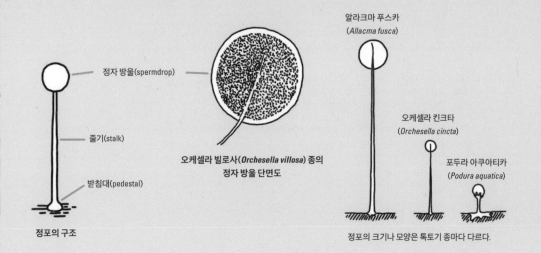

정자 방울(spermdrop)

알라크마 푸스카
(*Allacma fusca*)

오케셀라 킨크타
(*Orchesella cincta*)

포두라 아쿠아티카
(*Podura aquatica*)

줄기(stalk)

받침대(pedestal)

오케셀라 빌로사(*Orchesella villosa*) 종의
정자 방울 단면도

정포의 구조

정포의 크기나 모양은 톡토기 종마다 다르다.

수컷들은 자신의 정포가 선택될 가능성을
높이기 위해 다른 수컷의 정포가 보이면
훼손하거나 먹어 치워 버린다.

암컷과 마주할 수 없는 상황에서 수컷 톡토기가 할 수 있는
최고의 방법은 다른 수컷의 정자를 없애고 자신의 정자는
더 많이 만드는 방법을 취하는 것일까?

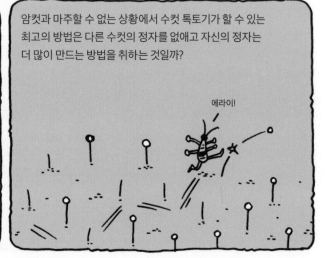

사라져 버릇!

에라이!

암스테르담 자유 대학교의 차이라 발렌티나 치차리(Zaira Valentina Zizzari) 연구진은
심술궂게도 이런 수컷 톡토기의 간절한 마음을 실험해 보기로 했다.

연구진은 수컷들이 경쟁에 놓였을 때 생산하는 정포 수에 변화가 있는지를 보기 위해
다음과 같이 실험을 설계했고 각 시기에 생산하는 정포 수를 조사, 비교했다.

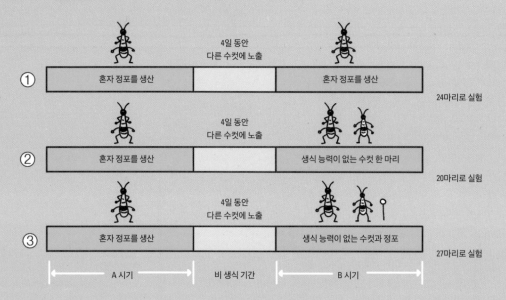

실험은 기존의 예측과는 정반대의 결과를 낳았다. 수컷은 경쟁 수컷의 생식 능력 유무와는 상관없이,
다른 수컷이 주위에 있다는 것만으로 더 적은 정포를 생산했다.

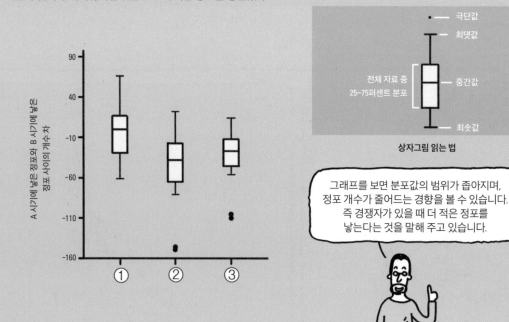

그래프를 보면 분포값의 범위가 좁아지며,
정포 개수가 줄어드는 경향을 볼 수 있습니다.
즉 경쟁자가 있을 때 더 적은 정포를
낳는다는 것을 말해 주고 있습니다.

수컷은 어째서 경쟁 상대가 있음에도 정포의 양을 늘리지 않고 오히려 줄인 것일까? 그래서 이번에는 암컷이 어떤 정포를 더 선호하는지를 조사했다.

혼자 있을 때 생산한 정포

다른 수컷이 있을 때 생산한 정포

처녀 암컷

실험 결과 암컷은 경쟁자가 있을 때 생산한 수컷의 정자를 더 선호하는 것으로 나타났다. 수컷은 정포의 수를 늘리는 대신 질을 향상시킨 것이다.

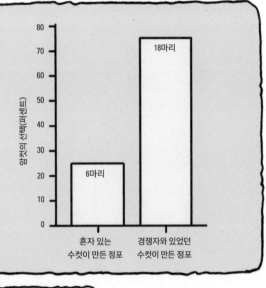

연구자들은 경쟁자에 노출되었을 때 수컷이 생산에 더 오랜 시간을 투자해

정포의 페로몬 향취를 변화시켜 성적 매력을 증가시키는 것으로 보고 있다.

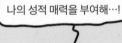

나의 성적 매력을 부여해…!

이걸 받아 주… 철퍼덕!

어머, 뭐야! 더럽게!

이 논문은 2013년 12월 4일 《바이올로지레터스(Biology Letters)》에 발표되었다.

7장

습도를 이용한 박테리아 발전기

#증발_에너지 #막대균
#박테리아의_잠재력

어렸을 적
시냇가에서 놀다가,

문득 이 많은 물이 어디서 흘러
오는지 궁금했던 적이 있습니다.

물은 분명히 높은 곳에서
낮은 곳으로 흐를 테니

흐르는 물을 거슬러 올라가면
결국 지구에서 가장 높은 곳으로
가지 않을까?

그런데 그곳에는 얼마나 많은 물이
있어서 이토록 끊임없이 흘러
내려오는 것일까?

그리고 꼭대기의 물은 어떻게 정상에 고여 있는 것일까요?

다행히 이런 수도 사업소 검침원 같은 궁금증을 나만 품었던 것은 아니었다.

산 정상에 어떻게 조개 화석이 있을 수 있지?

레오나르도 다빈치(Leonardo da Vinci, 1452~1519년)

당시에는 지각 운동에 대해 알지 못했기 때문에 사람들은 조개 화석이 산 정상에서 발견되는 이유를 설명할 길이 없었다. 그래서 속 편히 땅속에서 저절로 만들어진 돌이라고 생각했다.

땅속에서 저절로 만들어진 돌이라고? 말도 안 돼!

레오나르도 다빈치는 사람의 몸에서 혈액이 순환하듯 물도 지구 내부에서 순환하며, 따라서 조개 화석은 순환하는 물을 타고 산 정상으로 옮겨진 것으로 생각했다.

그러나 물을 산 정상까지 끌어올리는 메커니즘을 설명하기는 쉽지 않았다.

지열에 의해 땅속에서 물이 증발해 정상에 고이는 건가? 아니면 산이 스펀지처럼 물을 흡수하는 건가?

그의 생각은 물이 증발하고 비가 되어 내리는 그 엄청난 에너지의 순환에는 닿지 못했다.

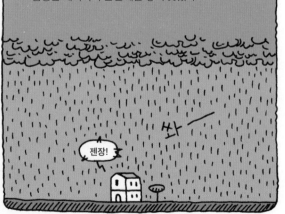

젠장!

그러나 수백 년이 지난 지금, 증발 현상이 내포하고 있는 에너지에 대해 눈을 번쩍 뜬 이가 나타났다.

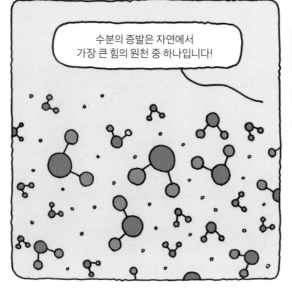

수분의 증발은 자연에서 가장 큰 힘의 원천 중 하나입니다!

에베레스트 산 정상에 있는 얼음을 생각해 보세요. 누가 엄청난 양의 물을 그 꼭대기에 올려놓았을까요?

컬럼비아 대학교 생물학 교수
오즈구르 사힌(Ozgur Sahin)

바로 증발 에너지입니다!

뭉게

뭉게

습도로 가동되는 발전기 개발을 연구하는 사힌 박사는 유사한 문제를 다루던 다른 팀과 함께 협업을 시작했다.

자연에서는 수분과 증발을 이용해 물질을 변형하는 현상을 심심찮게 볼 수 있습니다.

교수님, 이제 가습기 끌까요?

뭉게

뭉게
뭉게

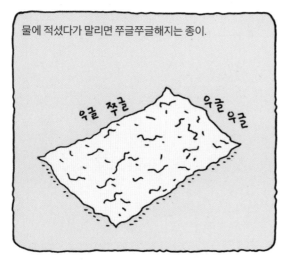

물에 적셨다가 말리면 쭈글쭈글해지는 종이.

우글 쭈글

우글 우글

습도에 따라 형태가 바뀌는 솔방울.

습도가 높을 때

건조할 때

식물에서의 증산-응집 작용 등이 있다.

잎에서 수분이 증발하면 상대적으로 대기압에 비해 압력이 낮아진다. 그러한 압력 차이는 토양으로부터 수분을 흡수해 잎까지 이동시키는 에너지의 한 요소다.

이와 같이 물질의 상태 변화에는 에너지가 존재한다.

그중 사힌과 동료들이 주목한 것은 토양에 사는 막대균(Bacillus)이었다.

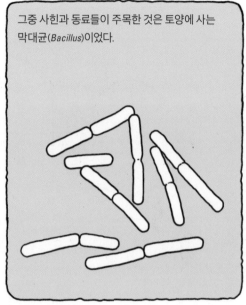

막대균 중에는 먹고살기가 힘든 환경에 놓이게 되면 포자화(sporulation)하는 재미있는 재주를 가진 녀석들이 있다. 건포도마냥 쭈글쭈글하고 딱딱한 외막(coat)을 두르고 있으며, 이는 열, 화학 물질, 방사능을 효과적으로 막아 준다.

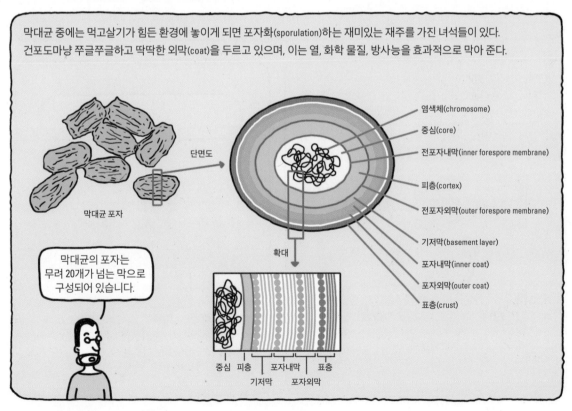

막대균 포자

단면도

확대

막대균의 포자는 무려 20개가 넘는 막으로 구성되어 있습니다.

염색체(chromosome)
중심(core)
전포자내막(inner forespore membrane)
피층(cortex)
전포자외막(outer forespore membrane)
기저막(basement layer)
포자내막(inner coat)
포자외막(outer coat)
표층(crust)

중심 피층   포자내막 표층
    기저막 포자외막

그렇게 건포도 속에서 겨울잠 자는 곰처럼 지내다가 적절한 습도와 영양분을 감지하면 팽창, 파열되면서 포자에서 나와 다시 활동하는 '데미안' 같은 세균이다.

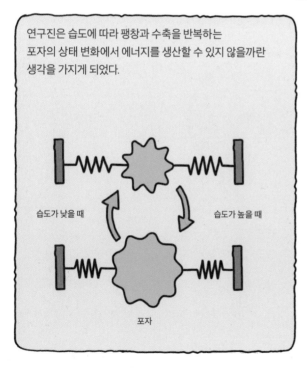

연구진은 습도에 따라 팽창과 수축을 반복하는 포자의 상태 변화에서 에너지를 생산할 수 있지 않을까란 생각을 가지게 되었다.

연구팀은 일반 막대균보다 더 크게 팽창하도록
유전자 조작을 한 돌연변이를 이용해 작고 유연한 실리콘 판
위에 막대균 포자를 두껍게 발라 그 힘을 측정했다.

저는 아주 미세한 움직임을
예상하고 있었습니다.

2센티미터

6센티미터

포자를 섞은 용액

라텍스 시트

660나노미터
0.5밀리미터

그런데 제 숨결의 습도에
포자가 반응해 실리콘 판이
휘어졌다 펴지는 것이
아니겠습니까?!

하ー

사힌은 1파운드의 건조한 포자에 수분을 가하면
자동차를 지면에서 1미터 정도 들어 올릴 수 있는 힘을
생성할 수 있다고 한다.

으라 차ー!

그의 연구진은 습도에 반응해 구부렸다 펴지기를 반복하며
자석을 움직여 전기를 발전하는 장치도 만들었다.

습도 전지(hygrovoltaic cell)

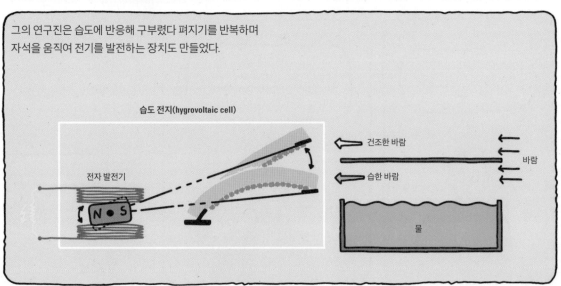

전자 발전기

N ● S

건조한 바람

습한 바람

바람

물

그런데 '세균'을 이용한 거면 위험하지 않나요?

제가 미쳤습니까. 당연히 병원균을 이용하지는 않지요.

우리가 이용한 세균은 고초균(*Bacillus subtilis*)으로 한국에서는 된장, 청국장과 같은 식품의 발효에 관여하고 있는 녀석입니다.

오오.

연구팀은 습도 변화를 이용한 박테리아 발전기 개발을 추진하고 있다.

그럼 실험하다가 배고프면 핥아 먹어도…

에헤, 그러지 마세요.

태양열이나 풍력 에너지는 기후에 따라 에너지 생산 기복이 큽니다.

위스 연구소의 창립 이사 돈 잉그베르(Don Ingber)

이러한 발전기가 개발되어 밤낮의 습도 변화로도 전기를 생성할 수 있다면 이는 획기적인 재생 에너지가 될 것입니다.

이 논문은 2014년 1월 26일 《네이처 나노테크놀로지 (*Nature Nanotechnology*)》에 실렸다.

핥지 말라니까요!

할짝할짝

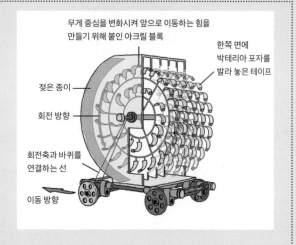

뉴스 업데이트 ver.07

2015년 6월 사힌 박사는 연구를 발전시켜 더
무시무시한(?) 장치를 만들어 발표했습니다.
증발하면서 발생하는 에너지로 나아가는
이 장난감 자동차의 무게는 약 1.0킬로그램입니다.

무게 중심을 변화시켜 앞으로 이동하는 힘을
만들기 위해 붙인 아크릴 블록

한쪽 면에
박테리아 포자를
발라 놓은 테이프

젖은 종이

회전 방향

회전축과 바퀴를
연결하는 선

이동 방향

8장

커피 잔 속의
태풍 이야기

#출렁임_역학 #거품의_매력 #배플

웅성 웅성 웅성
웅성 웅성 웅성

그럴 수 있겠군요..

이런 식의 접근도 괜찮더라구요.

흥미롭군요. 나중에 다시 만나서 좀 더 길게 이야기를 나누었으면 좋겠습니다.

휴.

교수님, 왜 그러세요?

생각은 많은데 아직 명확하게 잡히는 연구 주제가 없어서 말일세.

머릿속만
더 복잡해지는군.

아주 멋진
연구 주제가 떠올랐네.
한스 군!

앨버타 대학교의 기계 공학자 루슬란 크레츠헤트니코브(Rouslan Krechetnikov)와 그의 대학원생 한스 메이어(Hans Mayer)는 2011년 한 유체 역학 콘퍼런스에 참가했다. 크레츠헤트니코브는 휴식 시간에 연구자들이 커피를 들고 돌아다니면서 쏟지 않으려고 안간힘을 쓰는 모습을 보고 재미있는 연구 주제가 떠올랐다.

왜 커피를 들고 이동하면 심하게 출렁거리는 것일까?

크레츠헤트니코브는 이 문제가 그리 간단하지 않다는 것을 깨달았다.

커피 잔 속에는 인간 보행에 관한 생체 공학과 유체의 출렁임 역학(sloshing dynamics)이 교차하고 있었다.

인간의 보행은 규칙적으로 보이는 것과는 달리 매우 복잡한 패턴을 이루고 있다.
무게 중심은 좌우 위아래 앞뒤로 시시각각 바뀌며, 성과 나이, 건강에 따라 속도와 폭이 달라진다.

옆에서 보면 사람은 수평이 아닌 아래위로 들썩이며 걷는 것을 알 수 있습니다.

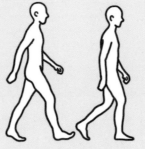

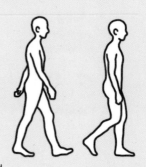

사람의 걷기 패턴

유체는 가속과 진동 때문에 여러 유형의 출렁임이 발생한다.

회전

좌우

위아래

따라서 인간 보행 역학과 유체 역학이 녹아 있는,
이동하는 커피 잔 속 출렁임은 명확하게 규명하기가 쉽지 않다.

그들은 연구실로 돌아와 서둘러 실험을 설계했다. 자원봉사자를 모집해 커피가 담긴
머그잔을 들고 직선을 따라 걷게 했다. 흘리지 않게 조심하며 걷는 유형과 주의를 기울이지 않고 걷는
두 가지 유형으로 보행 패턴을 나누었다. 카메라는 사람의 움직임과 머그잔의 궤도를 기록했고,
머그잔에 달린 작은 센서는 커피가 컵 밖으로 넘칠 때를 즉각적으로 기록했다.

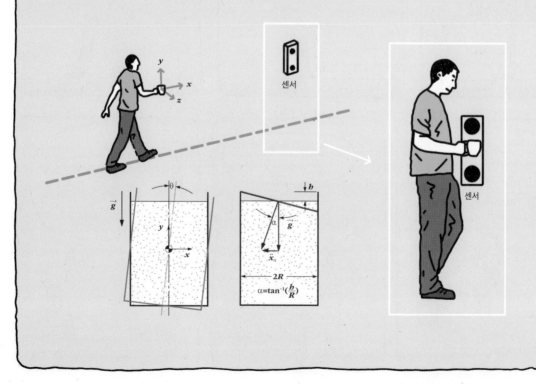

센서

$$\alpha = \tan^{-1}\left(\frac{b}{R}\right)$$

결과는 어땠습니까?

출렁임은 컵의 크기에 따라 고유 진동수를 가졌으며, 걷는 사람의 다리 움직임에 맞춰 일어났습니다.

즉 들고 걷기만 해도 출렁임이 일어났습니다.

어랏!

출렁—

또한 작고 불규칙한 움직임에도 출렁인 정도는 매우 커졌습니다.

안돼—

그럼 커피가 출렁거리는 걸 막으려면 어떻게 해야 합니까?

헤헤… 그게… 말이죠.

천천히 가속하고, 천천히 걸으세요. 커피는 머그잔 높이의 8분의 7 이하로 따르는 게 좋습니다… 정도?

애걔, 다 아는 얘기잖아요.

하지만 그들이 만든 수학 모델은 여러 모양의 컵에서 발생하는 출렁임 연구에 도움이 될 것입니다.

지나가던 수학자 매튜 터너(Matthew Turner)라고 합니다. 영국 길퍼드의 서리 대학교에서 유체 출렁임을 연구하고 있습니다.

당신, 의도한 것 같은데….

그럼 전 가던 길을 계속….

보스턴 대학의 물리학자 안제이 헤르친스키 (Andrzej Herczynski)는 이번 연구를 보고 실망감(?)을 드러냈다.

다양한 모양의 컵들이 있는데 왜 직사각형의 머그잔만 사용했을까요? 그들은 실험의 폭을 너무 좁게 잡은 것 같습니다. 그래도 뭐 이 논문은 최소한 이그노벨상을 노려 볼 만하겠군요. 하하하.

그의 예상대로 이들은 정말로 2012년도 이그노벨 유체 역학상을 수상하는 쾌거를 이루었다.

분명 출렁거리는 커피는 졸음을 쫓아 준 것 말고 유체 역학의 통찰도 제공했던 것 같다.
유체의 출렁임에 관한 역학을 다룬, 이 분야의 고전인 「움직이는 용기 안 유체의 동적 거동
(The dynamic behavior of liquids in moving containers)」(1966년)의 편집을 맡았던 노먼 에이브럼슨
(H. Norman Abramson)은 다음의 말로 서문을 시작한다.

우리는 일반적으로 액체를 채운
작은 용기를 들고 움직이거나 이동할 때는
흔들려 넘치지 않게 매우 조심해야
한다는 것을 매일 깨닫습니다.

그가 말한 액체는
분명 커피였으리라!

액체를 채운 용기에서 발생하는 출렁임은
단지 뜨거운 커피를 쏟는 단순한 사건을 넘어 훨씬 큰
문제를 일으킬 수 있다. 대표적인 예로 대형 선박의
연료 탱크의 경우 너울거리는 바다가 액체 연료의
출렁임을 발생시켜 배가 전복될 수 있다.
항공기의 날개에 있는 연료 탱크의 출렁임은
항공기 역학과 안정성에 심각한 문제를 일으킨다.

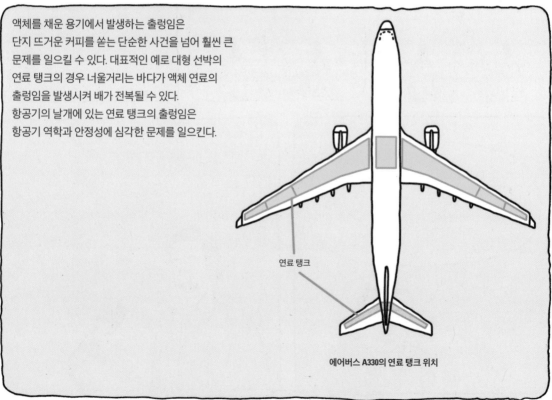

연료 탱크

에어버스 A330의 연료 탱크 위치

우주선과 로켓은 말해 무엇하랴.

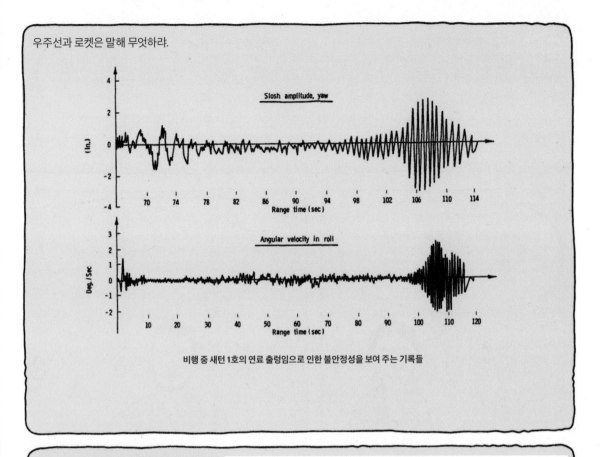

비행 중 새턴 1호의 연료 출렁임으로 인한 불안정성을 보여 주는 기록들

현재 유체의 출렁임을 감쇠하거나 방지하기 위해 보편적으로 사용하는 방법은 용기 내부에 배플(baffle)이라는 칸막이를 설치하는 것이다.

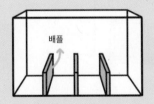

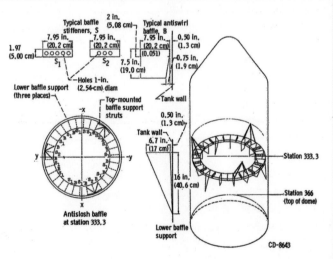

SM-65 아틀라스의 소모성 우주 발사체인 아틀라스센타우르(Atlas-Centaur)의
AC-9 액체 수소 탱크에 설치되어 있는 배플의 설계도면

최근 한 연구팀은 이런 액체의 출렁임을 방지하기 위한 근사한 아이디어를 제안했다. 그들이 처음 아이디어를 얻은 곳은 다름 아닌 스타벅스였다.

이 만화는 스타벅스로부터 어떤 대가도 받지 않았습니다. 하지만 지원을 해 준다면 환영입니다.

스타벅스에서 라테를 들고 오면서 처음 이 아이디어를 떠올렸던 것으로 기억합니다. 나중에 비슷한 현상을 맥주에서도 관찰했습니다.

프랑스에서 박사 과정을 보내는 동안, 우리는 종종 펍에 가서 맥주를 마셨는데요. 맥주, 특히 기네스 맥주는 테이블로 들고 오는 동안 거의 출렁거리지 않더라고요.

기네스의 지원도 환영입니다!

논문 저자인 뉴욕 폴리테크 대학의 기계 항공 공학부 조교수
에밀리 드레세르(Emilie Dressaire)

논문 저자인 프랑스 국립 과학 센터 연구자
알방 소레(Alban Sauret)

그들이 주목한 것은 바로 거품이었다.

연구팀은 카페와 펍에서 관찰한 사실을 토대로 거품이 유체의 출렁임을 감쇠한다고 생각했다. 연구팀은 글리세롤을 첨가해 점도를 다양하게 하고, 세제를 이용해 거품의 정도를 조절한 여러 유형의 액체로 실험했다. 흔들림은 빠르고 불규칙하게 좌우로 흔드는 것과 규칙적으로 앞뒤로 흔드는 두 가지 유형으로 나누었다.

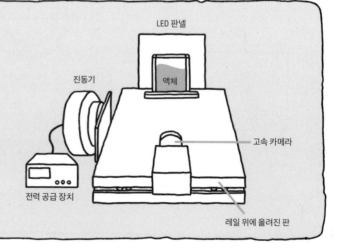

LED 판넬

액체

진동기

고속 카메라

전력 공급 장치

레일 위에 올려진 판

실험을 통해 연구자들은 단지 5개의 거품 층만으로 진폭이 10배 가까이 감쇠함을 발견했다.
하지만 5개 이상의 거품 층부터는 감쇠의 정도가 많이 증가하지 않았다. 연구자들은 용기 내벽과
거품과의 마찰로 인해 출렁임이 감소한다고 생각하고 있으며, 따라서 너무 많은 거품은
내벽과 맞닿아 있지 않아 진폭의 감쇠에 거의 이바지하지 못하는 것으로 판단하고 있다.
실제 관측에서도 위쪽의 거품 층은 거의 움직이지 않았다.

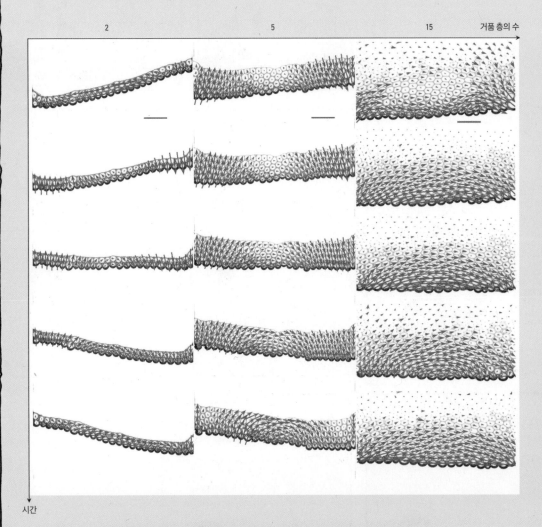

가로 방향으로 힘을 가했을 때 시간에 따른 출렁임의 진폭 변화. 빨간 화살표의 길이는 속도를 나타낸다.

거품의 매력은 맥주계를 넘어서 앞으로 액체의 출렁임을 막아야 하는 여러 분야로 뭉게뭉게 피어오를 것으로 기대된다.

3부

DNA로 그리는
얼굴

김명호의 해외 과학 뉴스

9장

똥밭에 굴러도
이승이라면 황송할 따름

#생존_본능 #배설물_기피 #기생충

2013년 6월 홍콩 스타벅스에서
주차장 화장실 물로 커피를 만들다
발각되어 많은 이들의 위장을
불편하게 만들었던 사건이 있었다.

해당 스타벅스 측에서는

화장실 수도는 식용으로
이용 가능하며, 물을 나르는
탱크도 정기적으로 소독하고
있고 매장 내에 여과 설비도
갖추고 있었습니다.

…라고 해명했지만,
비난은 수그러들지
않았다.

사실 위의 해명대로 조치를
한 물이라면 마셔도 건강에는
별 문제가 없을 겁니다.

이곳을 이용한 사람들이
식중독에 걸렸다는 후속
기사도 없었으니까요.

하지만 아무리 머리로는 이해하더라도 이곳에서
커피를 마신 사람들의 마음은 여전히 아라비카 원두를 갈아 만든
똥물을 들이켠 기분일 것이다.

음…. 역시 찜찜하네.

그것은 다른 곳도 아닌 화장실에서 떠 온 물이기 때문일 것이다.

똥을 잘 누는 것은 건강을 위해 매우 중요한 원초적 행위다.

> 그리고 그 똥을 멀리하는 것 역시 건강을 위해 중요합니다.

꽈르르—

똥에는 수많은 장내 세균이 존재할뿐더러 기생충도 똬리를 틀고 있다. 따라서 우리의 생존 본능은 똥을 기피하는 방향으로 진화했다.

> 케냐의 사바나에서 조난당했을 땐 수분 보충을 위해 코끼리 똥을 짜서 들이켜세요!

> 물론 똥을 먹어야만 할 때도 있습니다….

생존 전문가
베어 그릴스
(Bear Grylls)

인간과 같은 기생충에 감염되는 동물의 배설물일수록 사람이 느끼는 역겨움의 정도가 강하다는 연구 결과도 있다. 당연히 실험에 참여한 사람들이 가장 역겨워 한 것은 인간의 대변이었다.

> 사… 사람 똥은 사양하겠소.

> 베어 그릴스도 사람 똥은 먹지 않습니다.

생존을 위해 똥을 기피하는 반응은 사람에게서만 국한된 것이 아니라 일부 동물들에서도 관찰된다. 가축들과 말, 소와 같은 유제류(hoofed animal, 발굽이 있는 동물)는 기생충 감염의 위험 때문에 배설물 근처의 풀을 피하는 경향이 있다. 그러나 이 경향은 일부 동물에서만 제한적으로 나타났을 뿐 전체 생물에서 얼마나 폭넓게 나타나는지는 분명하지 않았다.

후두둑—

영국 에든버러 대학교의 행동 생태학자 패트릭 월시(Patrick T. Walsh)와 연구팀은
야생 쥐를 이용해 똥을 회피하는 경향을 확인하는 여러 가지 실험을 진행해
그 결과를 《동물 행동(*Animal Behaviour*)》 2013년 9월호에 발표했다.

미국흰발붉은쥐(white-footed mouse,
Peromyscus leucopus)

흰발생쥐(deer mouse, *Peromyscus maniculatus*)

우리 연구진은 산에 올라 하루도 채
되지 않은 시간에 130마리 이상의 쥐를
잡는 신기를 보였습니다.

* 쥐의 상대적인 크기는 고려하지 않고 그린 그림이다.

연구실 생쥐 암컷은
기생충에 감염되지 않은
건강한 수컷과의 관계를
선호했습니다.

그러나 이런 기생충으로 인한
똥 회피 경향이 야생 쥐에서도
일어나는지는 아직 증명되지
않았습니다.

그래서 우리는 야생 쥐가
똥을 피해 먹이를 채집하는지,
피한다면 기생충이 있는 대변만을
피하는지 등을 조사했습니다.

연구진은 긴 박스의 양쪽 끝에 음식을 두고 생쥐를 넣은 뒤 그중 일부 회차에 똥을 넣는 실험을 디자인했다.

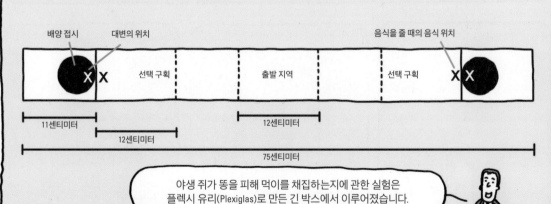

야생 쥐가 똥을 피해 먹이를 채집하는지에 관한 실험은
플렉시 유리(Plexiglas)로 만든 긴 박스에서 이루어졌습니다.

실험 결과 야생 쥐는 똥에 신경 쓰지 않았고 오히려 똥 가까이에 있는 것을
선호하는 것이 관찰되었다. 대변의 기생충 감염 유무 역시 신경 쓰지 않았다.

야생 쥐들이 똥을 통해 감염되는
기생충인 콕시듐 원충(Eimeria spp.)은
건강에 매우 부정적인 것을 감안한다면
의미 있는 관찰 결과였습니다.

늘 기생충에 노출된 야생 쥐에게 똥을 통한
감염 위험은 대중탕에 물 한 바가지 붓는 것 정도로
그다지 의미 없는 듯하다. 그리고 포식자들의
밥 한 끼 처지인 위태로운 삶에서 동료의 똥은
안전한 장소의 징표인 것처럼 보인다.

오, 여긴 먹고 쌀 정도로 오랫동안
살아남을 수 있는 곳이구나!

반면 가축과 실험실 동물 들은 상대적으로 깨끗하고
음식이 풍족하게 제공되며, 포식 위험이 없는
통제된 상황에서 생활한다. 그래서 이 녀석들에게는
감염의 위험이 생존과 더 밀접한 관계가 있기 때문에
똥을 회피하는 것으로 보인다.

아씨! 여기선 더러워서
못 먹겠네!

그리고 불행히도 나는 아주 오래전에 내 몸을 이용한 임상시험(?)을 통해 이를 확인했다.

야생이나 다름없던
훈련병 시절의 환경…

아무도 없지?

화장실에서 안전함을 느꼈고

미끈—

213-5

슥슥슥

똥 따위…

와삭
와삭

맛있다.

젠장….

10장

500년 만에 허리 편
꼽추 왕 리처드 3세

#동위 원소 #미토콘드리아_DNA
#과학과_역사의_만남

이게 대체 누구의
초상화인데요?

리처드 3세입니다.

어린 조카를 죽인
그 살인마 왕이라고요?
맙소사!

이런 그림을 보고 있다간
뼈가 빨리 붙지 않을 거예요.

이런 얼굴을 한 사람이
잔인한 살인마일 리 없어.

16세기 후반에 그려진 리처드 3세의 초상화.

1951년 조지핀 테이(Josephine Tey, 1896~1952년)의 소설 『시간의 딸(The Daughter of Time)』은 병원에 입원한 앨런 그랜트 경위가 악명 높은 살인자로 알려진 왕 리처드 3세의 사건을 파헤치는 역사 추리 소설이다. 그는 병원에서 한 발짝도 나가지 않고 병실에 누워, 500년 전 일어났던 역사적 사건을 추적한다.

잉글랜드의 왕위를 차지하기 위해 1455년부터 1485년까지 30년이나 싸움박질을 벌인 두 가문, 랭커스터 왕가와 요크 왕가. 두 집안 모두 장미를 문장(紋章)으로 썼기 때문에 역사는 이들의 싸움에 '장미 전쟁'이라는 이름을 붙였다.

요크 가

랭커스터 가

장미 전쟁이 한창이던 때, 요크 가 쪽에서 태어난 리처드는 유능한 행정가이자 군인으로 자랐다. 그의 형이자 잉글랜드의 왕 에드워드 4세가 어린 두 아이만을 남겨 둔 채 요절하자, 그는 조카의 섭정으로 통치를 시작했고 곧 시민들의 추대를 받아 리처드 3세로 왕위에 올랐다.

그러나 권력이 그의 눈을 멀게 한 것일까. 그는 어린 두 조카를 런던탑에 감금해 죽이고, 측근들을 숙청하는 것도 모자라 아내마저도 독살한다.

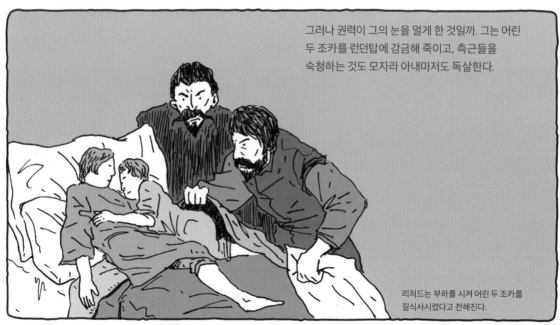

리처드는 부하를 시켜 어린 두 조카를 질식사시켰다고 전해진다.

리처드 3세의 광기에 지지자들은 등을 돌렸고, 결국 그는 랭커스터 가 헨리 튜더와의 보즈워스 전투에서 전사하며 1483년부터 1485년까지 짧았던 권력의 맛을 뒤로한 채 32세의 나이에 생을 마감한다.

그의 죽음으로 장미 전쟁은 랭커스터 가문이 승리하며 막을 내리고, 헨리 튜더가 헨리 7세로 왕위에 올라 튜더 가의 지배가 시작된다.

그런데 리처드 3세는 정말로 잔악한 왕이었을까?

역사는 승자의 기록이다. 역사가들은 그에 대한 악의적인 묘사 대부분이 권력을 차지한 랭커스터 진영의 사람들이 만들어 낸 것으로 보고 있다.

리처드 3세가 아주 못된 놈이어야 왕위 계승 명분이 약했던 헨리 7세의 정당성을 더 공고히 할 수 있지!

리처드 3세의 악명은 학자와 극작가 들의 펜에서 펜으로, 사람들의 입에서 입으로 시공간을 넘어 널리 퍼져 갔다. 특히 셰익스피어의 희곡 「리처드 3세」는 리처드의 명성에 씻을 수 없는 치명타를 가했다.

나한테 대체 왜 이러는 거야?!

그러나 운명은 참으로 짓궂은 녀석이다. 셰익스피어의 희곡이 리처드 3세의 명성을 어둠 속에 묻어 버렸다면, 500년이 지난 후 조지핀 테이의 소설은 리처드 3세를 다시 영광의 불빛 아래로 부활시켰다.

조지핀 테이

『시간의 딸』은 전 세계적으로 큰 인기를 누리며 리처드 3세에 대한 반향을 불러일으켰다. 리처드 3세 학회와 그와 관련된 연구들은 활기를 띠었고, 관심은 마침내 리처드 3세 유해의 행방에까지 닿았다.

리처드 3세의 유해는 어디에 있을까?

누구도 알지 못했다.

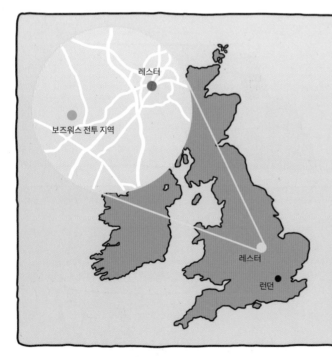

레스터

보즈워스 전투 지역

레스터

런던

역사는 그가 보즈워스 전투에서 사망한 후 레스터 지역의 그레이프라이어스(Greyfriars)라는 수도원에 묻혔다고 기록했다. 그러나 1538년 헨리 8세가 수도원을 해체했고, 리처드 3세의 유해는 레스터(Leicester) 지역의 소어(Soar) 강에 던져 버렸다는 이야기만 전해졌다.

학자들은 이러한 소문에 근거가 없으며
리처드 3세의 유해는 여전히 수도원 자리에
묻혀 있을 것으로 생각했다. 다행히 레스터 지역을
그린 중세 지도는 남아 있었지만, 수백 년의
시간은 도시를 크게 바꿔 놓았다.

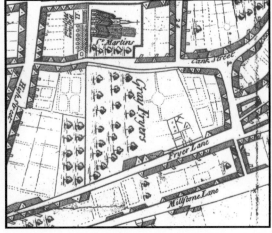

13세기 레스터 지역 지도

1741년 토머스 로버츠(Thomas Roberts)가 제작한 레스터 지역 지도

현재 이 지역에는
다수의 공공 기관과
주차장이 들어서 있다.

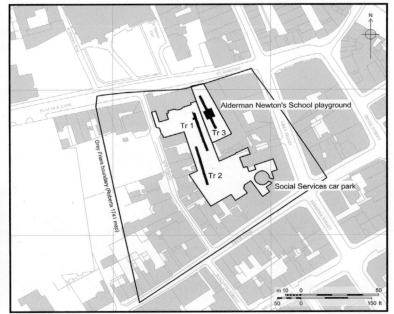

그러나 고고학자들이 누구던가.
수백, 수천 년의 시간을
넘나들며 단서를 찾고,
시간을 재구성하는 이들이
아니던가.

현재 레스터 지역의 지도

* 지도는 모두 Buckley et al.(2013)에서 인용했다.

연구자들의 끈질긴 추적 끝에 대략적인 수도원의 위치가 현재 레스터 시 의회 인근이라는 것이 밝혀졌으며,
마침내 2012년 9월 레스터 시 의회 주차장에서 리처드 3세의 것으로 보이는 유해를 찾을 수 있었다.

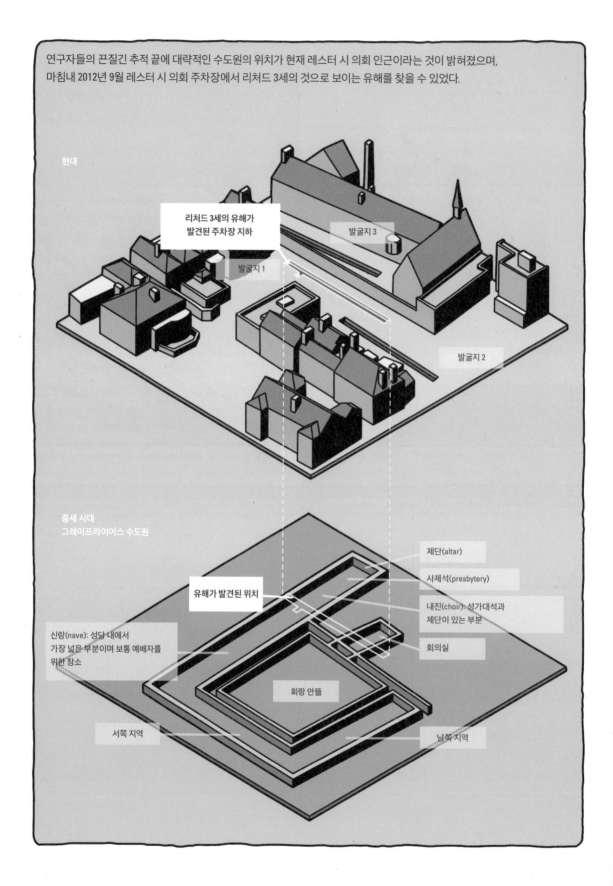

현대

리처드 3세의 유해가
발견된 주차장 지하

발굴지 3

발굴지 1

발굴지 2

중세 시대
그레이프라이어스 수도원

제단(altar)

사제석(presbytery)

유해가 발견된 위치

내진(choir): 성가대석과
제단이 있는 부분

신랑(nave): 성당 내에서
가장 넓은 부분이며 보통 예배자를
위한 장소

회의실

회랑 안뜰

서쪽 지역

남쪽 지역

척추 측만증으로 보이는 모습과
전투에서 입은 것으로 보이는 외상들은
이 유해가 리처드 3세의 것임을 증명하는 듯했다.

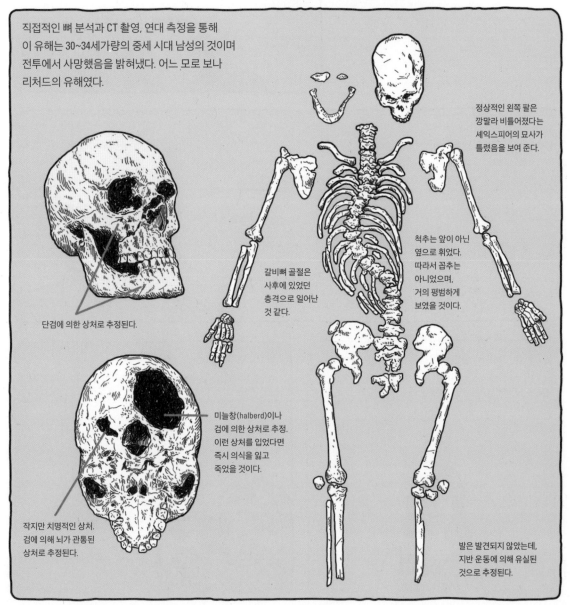

직접적인 뼈 분석과 CT 촬영, 연대 측정을 통해
이 유해는 30~34세가량의 중세 시대 남성의 것이며
전투에서 사망했음을 밝혀냈다. 어느 모로 보나
리처드의 유해였다.

정상적인 왼쪽 팔은
깡말라 비틀어졌다는
셰익스피어의 묘사가
틀렸음을 보여 준다.

척추는 앞이 아닌
옆으로 휘었다.
따라서 꼽추는
아니었으며,
거의 평범하게
보였을 것이다.

갈비뼈 골절은
사후에 있었던
충격으로 일어난
것 같다.

단검에 의한 상처로 추정된다.

미늘창(halberd)이나
검에 의한 상처로 추정.
이런 상처를 입었다면
즉시 의식을 잃고
죽었을 것이다.

작지만 치명적인 상처.
검에 의해 뇌가 관통된
상처로 추정된다.

발은 발견되지 않았는데,
지반 운동에 의해 유실된
것으로 추정된다.

보다 정확하게, 정말 생물학적으로 이 유해가
리처드 3세의 것인지 확인하기 위해 연구팀은
DNA를 채취해 그의 직계 후손의 DNA와
비교하는 작업에 착수했다.

다행히 리처드 3세의 누이 쪽, 그러니까 요크 가의 앤의
모계 후손은 리처드 3세에 관해 오랫동안 연구해 온 역사가
존 애시다운힐(John Ashdown-Hill)이 2002년에 일찌감치 찾아냈다.

하지만 안타깝게도 후손인 조이 입센(Joy Ibsen)은
유해가 발견되기 전인 2008년에 사망했다.

우리가 영국 왕족과
관련이 있다는 것은 전혀
모르고 있었습니다.

연구팀은 그녀의 아들인 마이클 입센(Michael Ibsen)과
또 다른 모계 후손인 웬디 둘디그(Wendy Duldig)에게서
미토콘드리아 DNA를 채취해 비교했다.

미토콘드리아의 DNA는 부모에게서 절반씩 전해지는
핵 DNA와는 달리 어머니에게서 자식에게 온전히 전해진다.

미토콘드리아는 핵 DNA와 다른
자신만의 DNA를 가지고 있다.

핵 DNA

미토콘드리아

세포

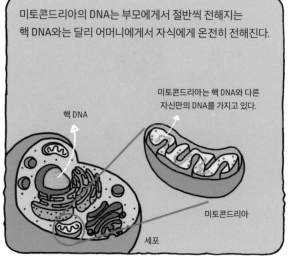

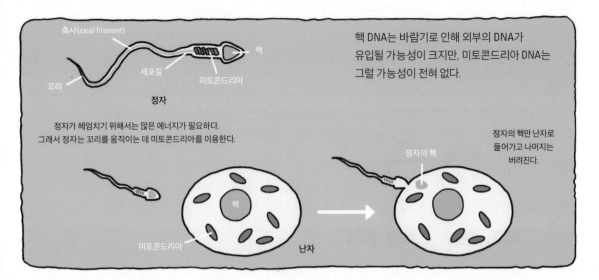

핵 DNA는 바람기로 인해 외부의 DNA가 유입될 가능성이 크지만, 미토콘드리아 DNA는 그럴 가능성이 전혀 없다.

정자가 헤엄치기 위해서는 많은 에너지가 필요하다. 그래서 정자는 꼬리를 움직이는 데 미토콘드리아를 이용한다.

정자의 핵만 난자로 들어가고 나머지는 버려진다.

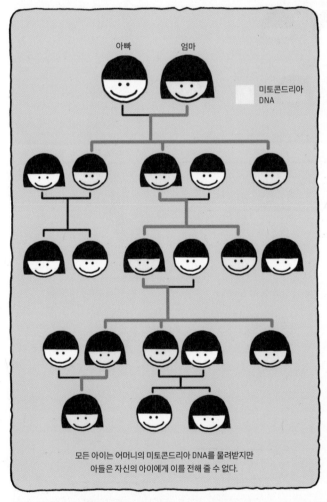

모든 아이는 어머니의 미토콘드리아 DNA를 물려받지만 아들은 자신의 아이에게 이를 전해 줄 수 없다.

여성은 결혼하면 성이 바뀌기 때문에 여러 세대가 지난 후 그녀들을 추적하기가 매우 어렵습니다. 그러나 자신이 어머니라고 생각하는 여성이 유전적으로 진짜 어머니일 확률은 굉장히 높습니다.

그러나 남자는 아버지가 실제 유전적으로 '진짜' 아버지일 가능성은 여성보다 상대적으로 낮으므로 아버지에 대해선 확신할 수 없습니다.

연구자들이 혈통을 조사할 때 미토콘드리아 DNA를 선호하는 이유다.

조사 결과 마이클 입센과 리처드 3세로 추정되는 유해의 미토콘드리아 DNA는 완전히 일치했으며
웬디 둘디그와는 거의 일치했다. 즉 유해는 리처드 3세가 확실했다.

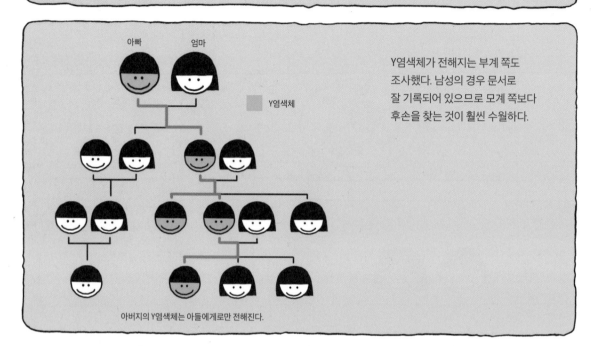

Y염색체가 전해지는 부계 쪽도
조사했다. 남성의 경우 문서로
잘 기록되어 있으므로 모계 쪽보다
후손을 찾는 것이 훨씬 수월하다.

Y염색체

아버지의 Y염색체는 아들에게로만 전해진다.

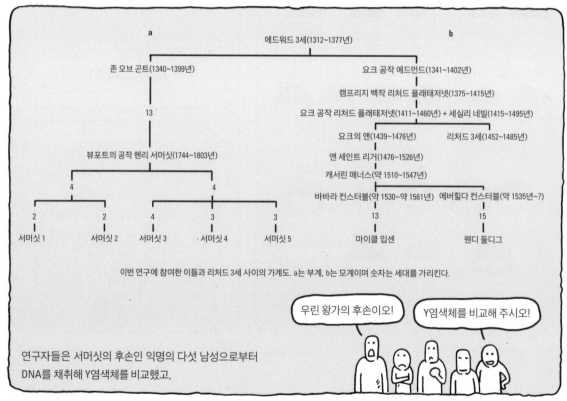

이번 연구에 참여한 이들과 리처드 3세 사이의 가계도. a는 부계, b는 모계이며 숫자는 세대를 가리킨다.

연구자들은 서머싯의 후손인 익명의 다섯 남성으로부터
DNA를 채취해 Y염색체를 비교했고,

리처드 3세와 일치하지 않았다.

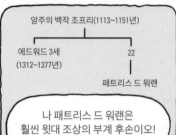

앙주의 백작 조프리(1113~1151년)

에드워드 3세   22
(1312~1377년)

패트리스 드 워랜

나 패트리스 드 워랜은
훨씬 윗대 조상의 부계 후손이오!

그도 리처드 3세와 Y염색체가
일치하지 않았고,

서머싯 후손들과도 일치하지 않았다.

그게… 그러니까…

조상님들께서 여러 번 바람을
피운 것이란 말밖에는….

스캔들 만화가 아니니까 왕가의 복잡한 사생활은
이쯤에서 접어 두고….

자세한 건 조상님께 물어보세요!

리처드 3세의 유해는 단지 역사적인 인물의 발견이라는 의미를 넘어 학술적으로 큰 가치를 가진다. 리처드 3세는 사료가 풍부하므로 과학 기반 고고학 기술과의 교차 확인을 할 수 있는 아주 드문 기회를 주었다.

고고학에서 역사적으로 유명한 개인의 유해를 발견하는 경우는 극히 이례적입니다.

레스터 대학교 및 영국 지질 연구소의 안젤라 램(Angela Lamb)

그럼 고고학에서 흔히 사용하는 동위 원소 어쩌고저쩌고 하는 것을 이해하기 위해서 잠시 원자에 대한 개념을 챙기고 가자.

원자핵은 다시 양성자와 중성자로 이루어져 있다. 중성자는 전하는 띠지 않지만, 나름의 질량을 가지고 있다.

전자

중성자
양성자

원자핵

원자의 구조

수소   중수소   삼중수소

같은 수소지만 중성자 수에 따라 질량이 다르다.
중성자가 두 개인 삼중수소의 질량수가 가장 크다.

동위 원소란 양성자의 수는 같지만 중성자의 수가 다른 것을 말한다. 즉 원자 번호는 같지만 질량수가 다른 원소다.

탄소의 경우 일반적으로 6개의 양성자와 6개의 중성자를 가지고 있다. 그런데 간혹 가다 중성자를 하나나 두 개 더 가지고 있는 것들이 있다. 이런 것들을 탄소 동위 원소라고 한다. 동위 원소 중에는 불안정해 계속 유지되지 못하고 붕괴하는 녀석들이 있는데 탄소-14가 그러하다.

얘는 불안정하다!

탄소-12   탄소-13   탄소-14

6   6   6
6   7   8

한 번쯤 들어 보았을 방사성 탄소 연대 측정법이란 이처럼 불안정한 탄소 동위 원소인 탄소-14가 일정한 반감기를 갖고 붕괴하는 특성을 이용해 오래된 유해나 화석, 목조 건물과 같은 유기물의 연대를 측정하는 기술을 말한다.

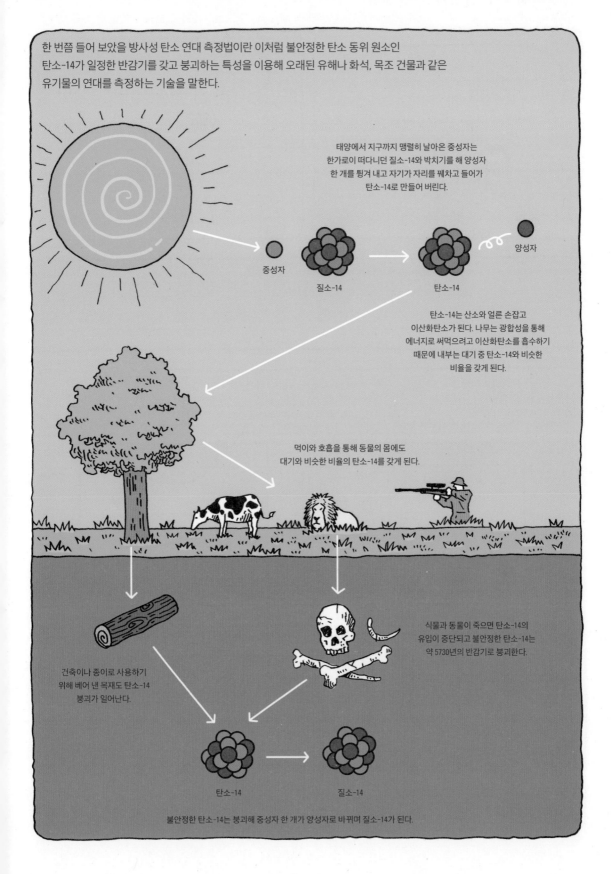

태양에서 지구까지 맹렬히 날아온 중성자는 한가로이 떠다니던 질소-14와 박치기를 해 양성자 한 개를 튕겨 내고 자기가 자리를 꿰차고 들어가 탄소-14로 만들어 버린다.

중성자

질소-14

탄소-14

양성자

탄소-14는 산소와 얼른 손잡고 이산화탄소가 된다. 나무는 광합성을 통해 에너지로 써먹으려고 이산화탄소를 흡수하기 때문에 내부는 대기 중 탄소-14와 비슷한 비율을 갖게 된다.

먹이와 호흡을 통해 동물의 몸에도 대기와 비슷한 비율의 탄소-14를 갖게 된다.

식물과 동물이 죽으면 탄소-14의 유입이 중단되고 불안정한 탄소-14는 약 5730년의 반감기로 붕괴한다.

건축이나 종이로 사용하기 위해 베어 낸 목재도 탄소-14 붕괴가 일어난다.

탄소-14

질소-14

불안정한 탄소-14는 붕괴해 중성자 한 개가 양성자로 바뀌며 질소-14가 된다.

방사성 탄소 연대 측정법은
고고학계 외에도 여러 분야에서
폭넓게 사용하고 있습니다.

그러나 불안정한 동위 원소만
쓸모 있는 것은 아닙니다.

반감기가 없는 안정적인 동위 원소를 이용하는 방법도 있다.
이를 안정 동위 원소 분별법(stable isotope fractionation)이라고 부른다.
가장 폭넓게 연구된 것으로 탄소-13, 질소-15, 산소-18 및 스트론튬-87/스트론튬-86이 있다.

안정 동위 원소 분별법의 기본적인 원리는 간단하다. 중성자 개수에 따른
질량의 차이를 이용하는 것이다. 질량이 작을수록 에너지에 쉽게 반응하고 작용하기 때문이다.

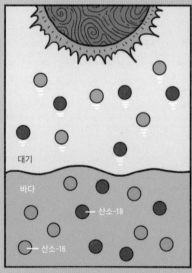

더운 지역은 강한 열에너지로 인해
산소-16과 산소-18 모두 증발한다.

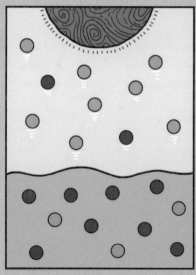

추운 지역은 열에너지가 부족해 상대적으로
무거운 산소-18은 증발하지 못한다.

예를 들어 물에 있는 산소-16과 산소-18의 경우 질량이 가벼운 산소-16은 상대적으로
적은 열에도 증발할 수 있다. 따라서 온도가 높은 지역의 바다에는 일정한 비율로 산소-16과
산소-18이 있지만, 추운 지역의 바다에는 산소-18의 비율이 더 높게 나타난다.

안정 동위 원소는 질량 차이로 인해 기후와 환경에 따라 다른 비율로
나타난다. 특정 지역의 안정 동위 원소 비율은 호흡과 물, 음식 섭취를
통해 그곳에 서식하는 동식물의 체내에도 고스란히 남는다.
생물 체내의 안정 동위 원소 비율을 조사하면 어떠한 환경에서
살았는지, 어떤 이동 경로를 거쳤는지, 무엇을 먹었는지
등의 정보를 알 수 있다.

내가 먹은 것이
나를 말해 주는 것이죠.

안정적인 동위 원소 흔적의
분석은 개인이 거주한 곳과
먹은 것에 관한 독특한 통찰을
고고학자에게 제공합니다.

**영국 맨체스터 대학교의 생물 고고학 전문가
앤드루 체임벌린(Andrew Chamberlain)**

당연히 리처드 3세의 유해도 생활사 연구를 위해
안정 동위 원소 측정이 이루어졌다.

안정 동위 원소는 체내에 흡수되어도 안정적으로 남아 있기는 하지만,
조직의 대사 수준에 따라 몸으로 배출되기 때문에 분석에 따라 적절한 조직을 선택하는 것이 중요하다.

비활성 조직
머리카락, 깃털, 손톱, 발톱 및
부리와 같은 케라틴을
기반으로 한 조직

활성 조직
혈장, 간,
근육, 혈액,
뼈, 콜라겐 등

계절에 따른 이동과 같이
오랜 기간을 대상으로 한 연구에 이용

빠르게 배출되기 때문에
죽기 전 섭취한 음식과 같이 짧은 기간을
대상으로 한 연구에 이용

연구진은 리처드 3세의 치아, 갈비뼈, 넙다리뼈에서 샘플을 채취해 분석에 들어갔다.

우리는 리처드 3세의 전체 삶을 종합할 수 있도록 여러 부위의 다른 뼈를 분석하고자 했습니다.

치아 에나멜에서는 리처드 3세가 있던 지역과 과거에 이동한 경로를, 넙다리뼈와 갈비뼈에선 그가 무엇을 먹었는지 알 수 있습니다.

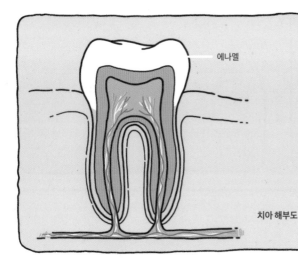

에나멜

치아 해부도

산소 및 스트론튬 동위 원소는 치아 형성 시 에나멜 안에 고정되며 이후 평생, 심지어 죽어서 땅에 묻힌 후에도 절대 변하지 않는다. 유해에서 치아와 다른 뼈의 산소, 스트론튬 동위 원소 비율이 다르다면 그 유해는 어린 시절을 보냈던 곳과 이후에 산 곳이 다르다는 것을 말해 준다.

리처드 3세의 치아에 있는 산소 동위 원소는 비가 더 많이 내리는 곳을, 스트론튬 동위 원소는 더 오래된 바위가 있는 곳을 말해 주고 있습니다. 이를 종합해 보면 그는 동부에서 태어나 7세 즈음 서부로 이동했음을 알 수 있습니다.

우리는 역사 문헌을 통해서 이를 교차 확인했습니다.

넙다리뼈는 약 10~15년을 주기로 재생되고, 작은 갈비뼈는 2~3년을 주기로 재생되기에
그 기간의 정보를 품고 있다. 동위 원소 분석 결과 리처드는 10~15년간 높은 지위의 생활수준을 누렸으며,
특히 마지막 2년간은 야생 조류와 어류로 차려진 진수성찬을 누리는 등 훨씬 더 풍족한 생활을 누렸다.

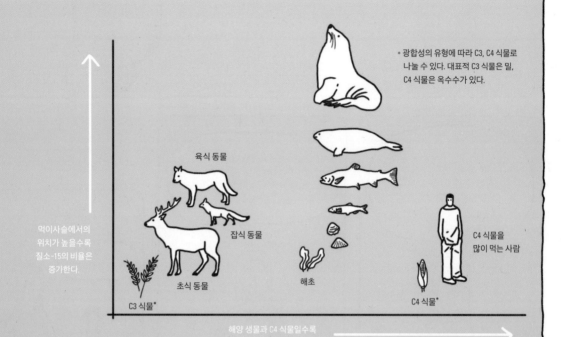

• 광합성의 유형에 따라 C3, C4 식물로
나눌 수 있다. 대표적 C3 식물은 밀,
C4 식물은 옥수수가 있다.

육식 동물

먹이사슬에서의
위치가 높을수록
질소-15의 비율은
증가한다.

잡식 동물

초식 동물

해초

C3 식물*

C4 식물을
많이 먹는 사람

C4 식물*

해양 생물과 C4 식물일수록
탄소-13 비율은 증가한다.

질소 동위 원소는 영양 단계에 따라 증가한다. 초식 동물보다는 육식 동물에서, 육식 동물보다 수생 동물에서 질소 동위 원소
비율이 더 높게 나타난다. 그래서 질소 동위 원소를 조사하면 대상의 영양 수준을 알 수 있다.

우리는 연구 중 흥미로운 점을
발견했습니다.

리처드 3세의 넙다리뼈와 갈비뼈의
산소 동위 원소 수치가 서로 달랐습니다.

이는 리처드 3세가 마시는 물이 바뀌었다는 뜻이며,
즉 그가 다른 지역으로 이동했음을 보여 주는 지표다.
그러나 역사 기록에 따르면 그는 영국 동부에
계속 머물러 있었다. 따라서 연구팀은 리처드 3세가
왕이 된 후 더 많은 외국 와인을 마셨기 때문에
그러한 것으로 추측한다.

아마도 그는 수분 섭취의
1/4가량을 와인으로
채웠을 것입니다.

이것은 와인의 섭취가
개인의 산소 동위 원소 조성에
영향을 주는 것으로 제안된
최초의 사례입니다.

저,
질문 있습니다.

몇 년 전부터 외국 맥주랑
와인을 줄곧 마시고 있는데,
그럼 저도 산소 동위 원소 수치
가 다르게 나올까요?

궁금하시면 지금 당장
넙다리뼈랑 갈비뼈를
분질러서 제가 질량분석기로
분석을 해 보죠!

궁금증이 사라졌습니다.

안정 동위 원소 분석은 고고학 연구뿐만 아니라 동물의 생태 연구 및 범죄 수사,
그리고 식품의 원산지 조사 등에 폭넓게 활용되고 있다.

대부분의 사람이 어렵게 살던 시절에 풍족히 먹을 수 있었다는 것은 커다란 축복이었지만,
그런 풍족함을 가져다준 권력으로 인해 리처드 3세는 요절했고, 후대에 영원토록 악인으로 남게 되었다.
다행히 그의 명예 회복을 꿈꿨던 사람들 덕분에 500년이 지나 누명을 씻었지만,
그에 못지않게 큰 선물도 받게 되었다.

발굴 전에 후손인 마이클 입센의
직업이 목수라는 말을 듣자마자
그에게 관을 부탁해야겠다는
생각이 들었습니다.

리처드는 그의 후손 마이클 입센이
직접 영국산 오크 나무를 사용해
전통적인 방법으로 만든 관에서
영면하게 되었다.

리처드 3세 학회의 회원이자 이번 발굴에서 주도적인 역할을 한 필리파 랭글리(Philippa Langley)

그러나 그의 존엄성을 되찾아
주고 싶었던 리처드 학회 사람들의
반대로 유골함의 크기를 관에
맞게 키우기로 했고, 그 무게는
100킬로그램이나 나갔다.

장의사의 반대로 결국
납 유골함은 60킬로그램
무게에 맞추어 수정되었다.

잠깐! 무게가 얼마라고요?
100킬로그램?!!

100킬로그램을 어떻게 듭니까!

유해를 안치할 장소를 결정하기도 쉽지 않았다. 유해가 발견된 레스터 시와
리처드 가문의 연고지인 요크 시는 이 문제로 대립했고 결국 법정 싸움으로까지 번졌다.
법원은 레스터 시의 손을 들어 주었다.

시끌벅적한 과정 끝에 마침내 2015년 3월 26일 성공회 최고 성직자 저스틴 웰비 캔터베리 대주교가 집전하는 가운데 리처드 3세의 장례식이 치러졌다.

이날 의식에서는 리처드 3세의 먼 후손이자 드라마 「셜록」의 배우로 유명한 베네딕트 컴버배치가 시를 낭송했다.

그의 유해는 레스터 대성당에 안치되었다.

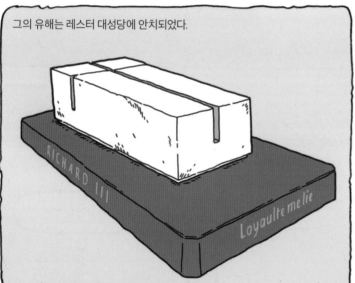

웬디 둘디그를 비롯해 저의 세 형제 누구도 아이가 없습니다.

마이클 입센

우리는 리처드 3세의 마지막 모계 후손이 될 것입니다.

리처드는 다시 영원히 잠들었다. 그의 미토콘드리아와 함께….

뉴스 업데이트 ver.10

법의학에서 동위 원소 분석은 용의자나 피의자의 지리적인 정보를 확보할 수 있는 유용한 수단입니다. 미국에서는 각 주의 수돗물과 모발에서 나타나는 산소 동위 원소의 비율을 이용해 동위 원소 지도(ISOMAP)를 만들어 수사에 활용하고 있습니다.

그러나 동위 원소 분석은 아직 법의학의 표준적인 절차로 자리잡지는 못했습니다. 아직 이러한 첨단 기술을 이용해 수집한 증거 자료에 대해 법적인 기준이 마련되어 있지 않고, 분석 장비가 비싸며, 이 기술을 활용하는 법의학 인류학자들도 극히 소수이기 때문입니다. 또한 동위 원소 분석이 무엇이며, 어떻게 도움을 줄지 수사관들이 모른다는 점도 한몫하고 있습니다. 그렇지만 여러 기관과 단체에서 동위 원소 분석을 포함한 첨단 생물학적 분석 기법을 법의학에서 폭넓게 활용하고 표준 관행으로 이용하기 위해 노력하고 있습니다.

미국에는 CODIS와 같이 DNA 샘플을 비교할 수 있는 거대한 데이터베이스가 구축되어 있습니다. 그러나 동위 원소 지도는 아직 그 수준에 이르지 못했으며, 데이터베이스를 구축하는 과정도 매우 더디게 진행되고 있습니다. 불행히도 데이터베이스 구축을 위한 공동체 전체의 노력도 아직 이루어지지 않고 있습니다.

미국 유타 대학교 지구 화학자 게이브 보웬(Gabe Bowen)

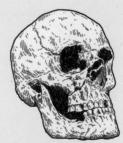

11장

DNA로 그리는 얼굴

#DNA_표현형 #스냅샷 #법의학

2015년 홍콩의 거리에 걸린 포스터가 세계인의 눈길을 끌었다.

이거 어디서 많이 본 얼굴인데?

길거리에서 주운 껌이나 담배꽁초에서 DNA를 추출해 그 유전자 정보로 쓰레기를 버린 범인(?)의 얼굴을 재현해 게시한 것이다.

손에 기름을 발랐는지 길을 지나며 습관적으로 쓰레기를 흘리는
이들의 간담을 서늘하게 했을 이 포스터는 도심의 쓰레기 투기를
줄이기 위해 '홍콩 클린업(Hong Kong Cleanup)'이라는
비영리 회사와 광고 회사 '오길비앤매더(Ogilvy & Mather)'가
기획한 캠페인 광고였다.

광고가 더 주목받았던 것은
DNA의 유전자 정보로 사람의
생김새를 재현한다는 재미있는
디자인 콘셉트뿐만 아니라

이 아이디어가 단순히 허구에
기반을 둔 아이디어가 아니라
실존하는 기술에 기반을 두었다는 점
때문이었습니다.

저 아니라니까요….

쯧쯧!

아빠, 엄마 그리고 내 얼굴을 놓고 찬찬히 살펴보면
비슷한 구석이 상당히 많다는 것을 알 수 있다.

아빠　　　　　엄마　　　　　나

자녀가 부모의 얼굴을 닮았다는 것은 DNA라는 설계도 어딘가에
생김새에 대한 정보가 기록되어 있고, 이것이 대를 이어 유전되는
결과임을 짐작하게 한다.

이봐! 아빠랑 엄마는 수염이 없다고!

따라서 DNA를 뒤져서 생김새에 대한 정보를
찾아 해석할 수 있다면 얼굴을 재현할 수
있을 것이라는 생각은 그리 허무맹랑하지 않다.

당연히 이런 기발한 생각에 가장 먼저 관심을 보인 곳은
법의학계였다. 법의학계는 일찍부터 DNA를 수사에 활용하고 있다.
1984년 영국의 유전학자 알렉 제프리스(Alec Jeffreys)가 개인마다
DNA 염기서열이 다르다는 점에 착안해 범죄 수사에 최초로
DNA 검사를 도입한 이래로, 추가적인 감식법이 등장하고 개선되며,
DNA 감식은 현대 과학 수사의 상징이 되었다.

그러나 비교할 샘플이 필요하다는 점에서 현재의 DNA 감식법에는 어쩔 수 없는 한계가 있다.
현장에서 DNA를 수집해도 이와 비교할 범인의 DNA 샘플을 가지고 있지 않다면 무용지물이다.
그래서 각국은 범죄자의 DNA 정보를 수집해 보관하고 있다.

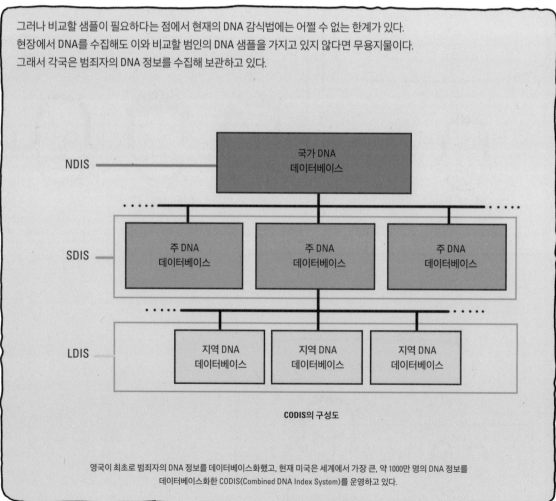

CODIS의 구성도

영국이 최초로 범죄자의 DNA 정보를 데이터베이스화했고, 현재 미국은 세계에서 가장 큰, 약 1000만 명의 DNA 정보를
데이터베이스화한 CODIS(Combined DNA Index System)를 운영하고 있다.

하지만 DNA 수집은
법적, 윤리적으로
상당히 민감한 문제다.

DNA에는 유전 질환과 같은 개인의 민감한 정보가
들어 있기 때문에 DNA 수집의 범위와 대상, 활용을
엄격히 규제하고 있다.

수사를 이유로 어쩔 수 없이 불특정 다수의
DNA를 수집할 경우에도 너무 많은 비용과 인력,
시간이 소요된다.

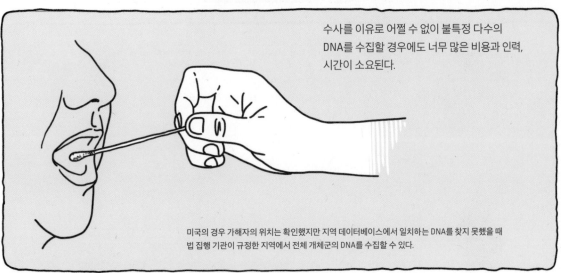

미국의 경우 가해자의 위치는 확인했지만 지역 데이터베이스에서 일치하는 DNA를 찾지 못했을 때
법 집행 기관이 규정한 지역에서 전체 개체군의 DNA를 수집할 수 있다.

이렇게 기존의 DNA 감식법에 뚜렷한 한계가 존재하던 상황에서
DNA 정보만으로 얼굴을 재현할 수 있다니, 생각만으로도
환상적이다. 즉 범인 자신의 DNA가 목격자가 되는 것이다.

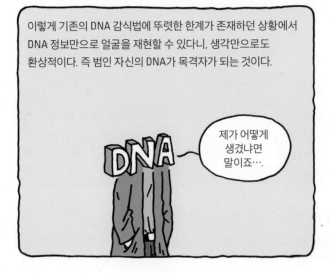

제가 어떻게
생겼냐면
말이죠….

이처럼 새로이 떠오른 DNA 감식법을
과거의 유전자형(genotype)과 대립하는 개념으로
'법의학 DNA 표현형(forensic DNA phenotyping)'
이라 부른다.

DNA를 이용해 생김새를 예측하려는 시도는 2000년대 초반부터 시작되었지만, 연구 속도는 매우 느렸다.

인간의 외모를 결정하는 유전자에 대한 이해가 턱없이 부족했고

인간 유전자 연구는 대부분 유전적 질환과 같은 의학 분야에 집중되어 있었기 때문이다.

인간 유전체(genome)는 30억의 염기쌍으로 이루어져 있다. 연구자들은 그 어마어마한 수에도 불구하고 사람들끼리는 전체 유전체 중 고작 0.1~0.3퍼센트만이 다르다는 것을 발견했다. 고작 이 정도의 별 볼 일 없는 차이로 인해 지구 위 수십 억 사람들의 생김새가 제각각 다른 것이다. 개인의 차이를 만들어 내는 이러한 단일 염기 부분을 단일 염기 다형성(Single Nucleotide Polymorphism, SNP), 줄여서 스닙(SNP)이라 부른다. 많게는 약 1000만 개 이상 존재할 것으로 추정하며, 현재까지 약 300만 개 이상이 밝혀졌다.

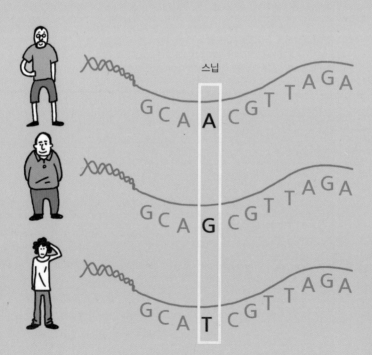

DNA는 아데닌(A), 구아닌(G), 시토신(C), 티민(T)이라는 네 개의 염기가 쌍을 이루며 구성되어 있다.

물론 스닙이 단순히 생김새에만 관련 있는 것은 아니다. 예를 들어 왜 누구는 대머리가 되고 누구는 대머리가 안 되는지, 누구는 특정 질환에 걸리고 누구는 안 걸리는지, 누구는 이 약이 잘 듣는데 누구는 안 듣는지 등 유전적 질환과 개인의 특이성 등을 이해하는 중요한 열쇠로 보고 있다. 이처럼 스닙에 대한 연구는 신약과 개인 맞춤형 치료, 유전 질환의 치료로 이어질 수 있었으므로 거대한 제약업계를 중심으로 한 의학 분야에 집중되었다.

스닙 연구 중 1992년부터 장기간에 걸쳐 의미 있는 데이터를 생산하고 있는 영국의 '트윈스유케이(TwinsUK)' 프로젝트가 있다. 일란성, 이란성 쌍둥이를 장기간 면밀히 조사해 선천적, 후천적 변화와 유전자의 차이를 규명하는 프로젝트다. 이 프로젝트를 이끄는 팀 스펙터는 '트윈스유케이'의 데이터 중에서 외형과 관련한 스닙을 중점적으로 연구하기 위해 6개 대학이 참여하는 '비시겐(Visigen)'이라는 학술 컨소시엄을 구성했다.

> 일란성 쌍둥이의 외모가 매우 비슷한 것을 볼 수 있는데, 이는 시각적 형질이 주로 유전된다는 것을 보여 줍니다.

런던 킹스 칼리지의 유전 역학 교수 팀 스펙터(Tim Spector)

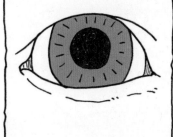

> 예를 들어, 우리가 알고 있듯, 눈 색깔은 거의 100퍼센트 유전됩니다.

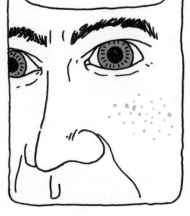

> 반면 주근깨나 점은 70퍼센트 정도 유전됩니다.

> 귓불이나 주름까지, 얼굴의 모든 특징은 상당한 정도까지 유전됩니다.

비시겐은 2013년에 'Identitas v1 Forensic Chip'을 발표했다. 이 칩을 이용하면 DNA만으로 성별과 눈, 머리카락 색깔 및 혈통을 식별할 수 있다.

이 칩으로 전 세계 3000개의 DNA 샘플을 테스트해 얻은 성별(gender)의 예측 정확성은 99퍼센트였다. 혈통 예측에서 유럽 인과 동아시아 인은 97퍼센트, 아프리카 인은 88퍼센트의 정확성을 보였다. 머리색에서 금발 예측은 63퍼센트의 정확성을 보였다.

Identitas v1 Forensic Chip

컨소시엄 멤버 중 하나인 네덜란드 로테르담의 에라스무스 대학교 의료 센터(Erasmus University Medical Center)도 2011년 눈 색을 예측하는 이리스플렉스(IrisPlex)를, 다음으로는 머리카락과 눈 색깔 모두를 예측하는 히리스플렉스(HIrisPlex)라는 두 개의 웹툴(webtool)을 공개했다.

현재 눈 색깔은 약 95퍼센트, 머리카락 색은 85~90퍼센트의 정확성으로 예측할 수 있습니다.

에라스무스 의료 센터 프로그램을 이끄는 맨프레드 카이저(Manfred Kayser)

DNA에 기반을 두고 생김새를 예측하는 연구 데이터가 점차 증가하는 동안 기업들도 이 기술에 주목했다. 그들은 발표된 학술 연구를 토대로 자체적인 예측 시스템을 개발하고 있다.

버지니아 주 레스톤에 본사를 둔 파라본 나노랩스(Parabon NanoLabs) 역시 그러한 회사 중 하나다. 이 회사는 약 1만 5000명의 성별, 조상과 얼굴 특징에 관한 유전자 정보를 토대로 생김새를 예측한다. 앞서 소개한 홍콩 공익 캠페인에 기술을 제공하기도 했다.

파라본 사는 현재 약 5000달러 미만의 금액을 받고 경찰과 같은
법 집행 기관이 보내 준 범인의 DNA에서 유전자 정보를 디지털 정보로 전환해
얼굴을 형상화하는 '스냅샷(Snapshot)' 서비스를 제공하고 있다. 미국 국방성은
이 회사에 약 200만 달러의 개발 자금을 지원했다고 한다.

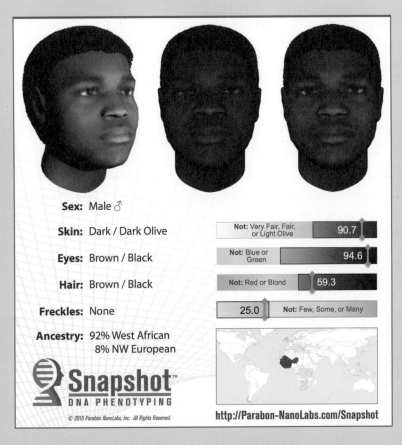

미국 사우스캐롤라이나 주 컬럼비아 경찰은 2011년 미해결 사건을 다시 조사하며 현장에서 채취했던 용의자의
DNA 표현형 분석을 파라본나노랩스에 의뢰했고, 2015년 1월 9일 용의자의 스냅샷을 공개했다.

물론 파라본의 '스냅샷'이 사진처럼 명확하게 개인을
식별할 수 있는 것은 아니다. 현재까지는 '배제'라는
측면에서 활용하고 있다. 예를 들어 특정한 색의
머리카락과 눈을 가진 이를 용의자에서 제외하는 방식이다.

그럼 지금까지 발표된 연구들은
DNA 정보만을 가지고 어디를 어느 정도까지
예측할 수 있을까요?

현재까지는 머리카락 색, 눈 색, 피부색과 같이
인간의 색소와 관련된 연구의 진척도가 가장 높다.

그러나 데이터가 일부 인종에 편중되어 있고,
머리색과 눈 색깔에 비해 피부색에 대한
유전자 연구는 아직 부족하다.

모든 색소를 정확히 예측할 수 있는 것도 아니다.
아직 푸른색과 갈색 이외의 눈 색깔은 예측하기
어렵다. DNA만으로는 어린 시절부터 금발이었던
성인과 성장하면서 색이 변한 갈색 머리의
성인을 구분할 수 없다.

머리카락 색깔을 과학 수사의
도구로 사용하는 데는 문제가 있습니다.
머리색은 나이가 들면서 변하기 때문입니다.
아이 때 금발은 종종 어른이 되면서
색이 짙어집니다.

나이 예측에 관한
연구는 어떨까요?

우리 신체에는
나이가 들며 변하는
여러 지표들이 있습니다.

텔로미어
같은 것들 말이죠.

최근 후성 유전학 분야에서 활발히 연구하고 있는 DNA 메틸화*를 나이 예측에
활용할 수 있는 것으로 나타났다. 나이가 들수록 DNA의 특정 부위에서 메틸화가 감소하는데,
이를 측정해 나이를 예측하는 것이다. 2013년에 타액에서 71개의 특정 DNA 부위의
메틸기를 정량화하는 방법으로 나이 예측에 활용하려 했지만, 이를 위한 분석이 너무 복잡했다.
그러나 2014년에는 혈액에서 수집한 DNA를 이용해 3개 부위만을 측정한 결과,
오차는 5년 미만이었다. 또한 앞선 연구보다 훨씬 빠르고 비용도 저렴했다.

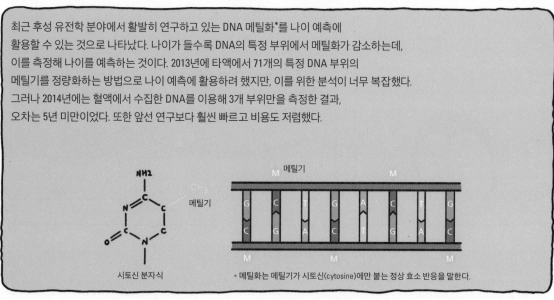

아직 부족한 점은 이런 DNA 메틸화의 변화가 시간적인 나이보다는 생물학적 나이와 연관이 있다는 것이다. 즉 특정 질환에 걸린 사람은 실제 나이보다 생물학적 나이가 더 많은 것으로 나타날 것이다. 또한 나이가 많을수록 나이 예측의 정확도가 떨어졌다. 이러한 점들을 더 연구하고 개선한다면 DNA 메틸화에 기반을 둔 나이 예측은 가까운 장래에 이루어질 것으로 예상하고 있다.

탈모의 정도와 머리카락 상태에 대한 연구는 아직 초기 단계다.

탈모에 대한 유전자 패턴은 알려져 있지만, 이는 탈모가 일찍 진행된 경우를 대상으로 한 것으로, 일반적인 사람의 탈모 정도를 나타내는 유전자 패턴은 아직 밝혀지지 않았다.

곱슬머리나 직모 등 모발 상태는 쌍둥이 연구를 통해 높은 확률로 유전된다고 드러났지만, 아직 이에 관한 명확한 DNA 지표를 찾지 못했다.

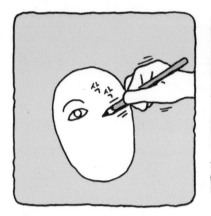
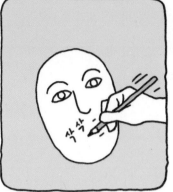

아마도 DNA 표현형 검사에서
법 집행 기관들이 가장 관심을
가지고 기대하는 것은 '얼굴 생김새를
얼마나 정확하게 예측할 수 있는가'입니다.

그러나 이 연구는 정말 어렵고,
실제 활용할 수 있을 정도의 정확성에
도달할 수 있을지 아직 미지수입니다.

지금까지의 연구를 통해 생김새에 관여하는
5개의 유력한 유전자를 밝혔다.

COL17A1

PRDM16

TP63

PAX3

C5orf50

그러나 연구를 진행할수록 외양은 미미한 영향력을
미치는 수많은 유전자와 작은 스닙들로 만들어진다는
사실이 밝혀지고 있다.

유전체에 먼지처럼 흩어져 있는 이러한 유전자를 일일이 추적하기란 불가능할뿐더러,
그렇게 찾아낸 유전자도 개별적으로 발현되는 것이 아니라 유전자 간의 상호 작용으로
작동하기 때문에 많은 연구자들은 외양을 예측하는 것은 불가능하다고 생각하고 있다.

얼굴의 생김새는 유전자와 형태적 특성이 복잡하게 엮여 있을 뿐만 아니라,

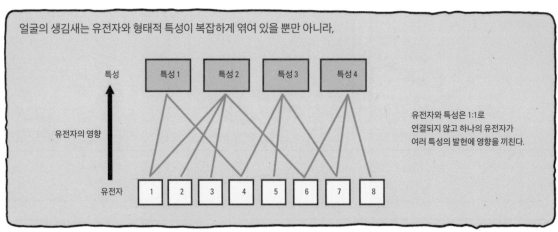

유전자와 특성은 1:1로
연결되지 않고 하나의 유전자가
여러 특성의 발현에 영향을 끼친다.

환경적인 요소도 영향을 끼쳐 그 과정은 한층 더 복잡하다.

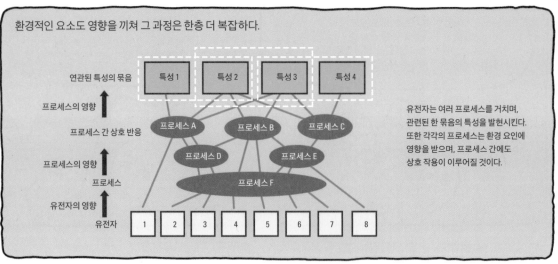

유전자는 여러 프로세스를 거치며,
관련된 한 묶음의 특성을 발현시킨다.
또한 각각의 프로세스는 환경 요인에
영향을 받으며, 프로세스 간에도
상호 작용이 이루어질 것이다.

키나 체중의 예측도 마찬가지다. 다른 어떤 것만큼이나 많은 연구가 되어 있음에도
키와 체중을 예측할 수 있는 유전자를 아직 밝혀내지 못했다. 유전적인 요인보다
환경적인 요인에 영향을 많이 받을수록 DNA만으로 예측하기란 매우 어렵거나 불가능할 것이다.

DNA로 생김새를 예측하고자 하는 연구는
이제 막 첫발을 내디뎠다. 그 가능성의 유무에 따른
논쟁만큼 이 기술이 가져올 미래에 대해서도
두려움과 기대감이 공존한다. 관련 기사 중에는
뱃속 아이의 외모를 예측하는 미래에 관해서
이야기하는 것도 있다.

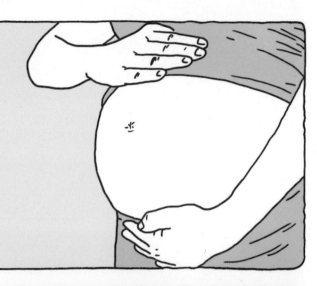

물론 그런 끔찍한 미래만
있는 건 아닙니다.

법의학 DNA 표현형 분석은 우연한 기회로
고고학 연구의 훌륭한 도구가 되었다.

에라스무스 대학교 연구진은 법의학 현장에서
활용할 수 있도록 히리스플렉스의 민감도와
정확도를 확인, 개선하기 위해 여러 조건하의
샘플이 필요했다. 때마침 한 동료가 극단적인
샘플인 중세 시대의 뼈들을 테스트했는데
다양한 나이 대와 저장 상태에서도 매우 잘 작동했다.

너무 잘 작동해서 놀랐습니다.
소수의 예외를 제외하고, 우리는 이러한
샘플 모두를 분석할 수 있었습니다.

제2차 세계 대전의 유해 분석뿐만 아니라 2012년 발굴한 영국 왕 리처드 3세의 유해 연구에도 활용해 그의 눈은 푸른색이며, 어렸을 때는 금발, 성인이 된 후에는 금발 혹은 밝은 갈색 머리였음을 밝혔다.

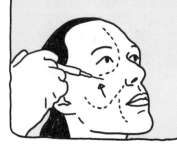

미래에 성형수술의 수준과 정도가 지금보다 훨씬 더 높아지고, 광범위한 유전자 치료가 가능해진다면

법의학에서 DNA 표현형 검사는 생각보다 그 유용성이 떨어지지 않을까요?

반면 과거 미해결 사건에선 매우 유용할 것입니다.

오히려 DNA 표현형 검사는 고고학에 훌륭한 선물이 되지 않을까 한다.

재주는 법의학이 넘고,
열매는 고고학이 딸지도 모를 일이다.

외계인의 전자레인지는
휘파람을 불 수 있을까?

김명호의 우주 과학 뉴스

12장

달에 쌓인 먼지를 털다

#월진 #우주_개발 #정전기력

2013년 5월 초 로런스 버클리 국립 연구소(Lawrence Berkeley National Laboratory, 이하 버클리 연구소(Berkeley Lab))의 창고.

흐음.

이상하네.

이건 대체 뭐지?

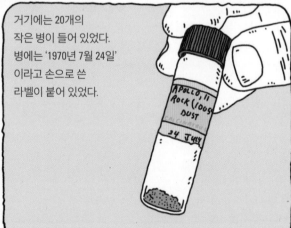

거기에는 20개의 작은 병이 들어 있었다. 병에는 '1970년 7월 24일' 이라고 손으로 쓴 라벨이 붙어 있었다.

병 안에 든 것은 놀랍게도 아폴로 11호의 닐 암스트롱(Neil Armstrong, 1930~2012년)과 버즈 올드린(Buzz Aldrin)이 수집한 월진(moondust) 샘플이었다.

이런….

이것을 발견한 이는 17년간 버클리 연구소의 창고에서 자료를 정리해 온 기록 보관 담당자 캐런 넬슨(Karen Nelson)이었다.

이것이 언제 어떻게 창고에 놓이게 되었는지는 모릅니다.

1969년 인류 최초로 달에 착륙한 아폴로 11호는 월석과 달의 토양 샘플을 가져왔다. 나사(NASA, National Aeronautics and Space Administration)는 홍익인간 정신에 입각해 세계 150개의 실험실에 이 샘플을 나누어 주었는데 그중 하나를 버클리에 위치한 캘리포니아 대학교의 우주 과학 연구소(Space Sciences Laboratory)에 보냈다.

우주 과학 연구소 로고

당시 버클리 연구소의 부소장이었던 멜빈 캘빈(Melvin Calvin, 1911~1997년)은 나사와 함께 달의 토양에 생명체가 있는지 연구하고 있었다. 그는 달 토양 샘플의 탄소 유형과 화학적 특성을 조사했고 같은 연구소의 동료 네 명과 함께 「아폴로 11호와 아폴로 12호가 가져온 달 샘플에서의 탄소 화합물에 관한 연구(Study of carbon compounds in Apollo 11 and Apollo 12 returned lunar samples)」라는 논문을 발표했다. 월진 샘플이 발견될 때, 이 논문의 복사본도 함께 발견되었다.

저는 1971년 식물의 엽록소가 물과 공기 중의 이산화탄소를 이용해 유기물을 합성하는 광합성 과정을 밝힌 업적으로 노벨 화학상을 받았습니다.

연구소는 실험을 완료한 다음 샘플을 다시 나사에 반환해야 했지만 어찌된 영문인지 샘플은 버클리 연구소의 창고로 들어갔고 지금까지 잊혔던 것이다.

제 실수인 건가요?

그리고 40여 년이 지난 지금, 달 탐사에 대해 높아지는 관심과 함께 월진은 추억의 먼지를 털어 냈다.

냉전 시대, 상대방에게 한 방 날려 주겠다는 미국과 소련의 집념은 우주로까지 뻗어 나갔다.

독일의 V2 로켓 기술은 우주 탐사의 역사를 열어 주었다.

두 나라의 우주 개발 경쟁은 앞서거니 뒤서거니 했고 결국 미국이 1969년 유인 우주선 아폴로 11호의 달 착륙에 성공한다.

그리고 발자국 인증샷으로 달 탐사 경쟁에서 승리의 종지부를 찍었다. 기세를 몰아 미국은 1972년까지 유인 우주선을 보내 달 탐사를 진행했다.

하지만 그 엄청난 돈을 쏟아 부어 얻은 성과는 너무나 초라했다.

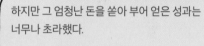
달에서 가져온 게 뭐요?

먼지… 입니다.

미국의 자존심은 하늘을 찔렀지만, 그 하늘에서 먹을 것이 떨어지지는 않았다. 달에는 생명체는커녕 먼지만 수북했다. 결국 재정 부담과 그에 따른 국민적 비난, 그리고 냉전 종식 등의 이유로 달에 대한 관심은 급속히 식어 갔다.

그러나 21세기에 들어서며 강대국들을 중심으로 달 탐사 경쟁에 다시 불이 붙기 시작했다.
이번에는 국가적 허세가 아닌, 광물 채취와 달 기지 건설이라는 구체적이고 경제적인 목표를 가지고 뛰어들었다.

지구의 자원이 머지않아 밑천을 드러낼 상황에서
핵융합 에너지는 인류의 생명 연장 꿈을 이루어 줄
미래 기술로 주목 받고 있었다. 헬륨-3는 바로
핵융합 반응에 이용할 최적의 원소다. 하지만 불행히도
헬륨-3는 지구에서 거의 찾아볼 수 없어서
당시 상황은 매우 우울했다.

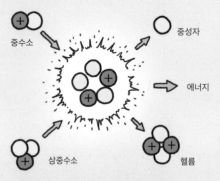

초창기 중수소와 삼중수소를 이용한 핵융합 반응에서는
많은 방사능 폐기물이 나오며, 핵융합 반응 동안 온도와 압력을
유지하기 힘들다는 것이 밝혀졌다.

그러나 아폴로 미션 때 채취해 온 달의 토양 샘플에서
헬륨-3를 비롯한 몇몇 희귀 금속이 있음을 발견했다.
현재 달에는 약 100만 톤의 헬륨-3가 있는 것으로
추정하고 있다.

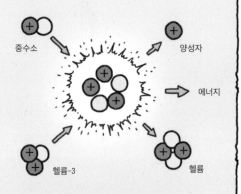

삼중수소를 대체해 헬륨-3를 사용하면
방사능 폐기물을 줄일 수 있으며 반응을 유지하는 데
필요한 에너지도 훨씬 적다.

헬륨-3의 채취는 결코 만만하지 않다. 달의 토양에는 아주 낮은 농도로 헬륨-3가 있기 때문에
이를 정제하고 지구로 운반하기 위해서는 엄청난 돈이 든다. 예를 들어 헬륨-3 70톤을 얻으려면
약 100만 톤의 토양을 모아 섭씨 800도 이상으로 계속 가열해야 한다.

헬륨-3는 태양에서 생성되어
태양 폭풍을 타고 달 표면에 쌓인다.

헬륨-3 → 달

지구의 대기와 자기장이
헬륨-3를 밀어낸다.

태양

헬륨-3

지구

이런 이유로 강대국들은 헬륨-3를 효율적으로 채취하기 위해
연구하는 한편, 월면 기지를 건설하고 헬륨-3가 풍부한 지역을
선취할 목적으로 다시 달을 향해 우주선을 쏘기 시작한 것이다.

달을 향해 출격이다!

미국은 달 무인 탐사선 '라디'를 2013년 9월 6일 발사했다. 미국은 2020~2025년 사이에 달 기지를 세우고, 2030년 화성에 유인 우주선을 보내려는 구상을 세우고 있다.

라디(LADEE, Lunar Atmosphere and Dust Environment Explorer)

중국은 2007년과 2010년에 각각 창어 1호와 2호를 달 궤도에 진입시켰고, 2013년 12월 2일 발사된 창어 3호가 2013년 12월 14일 달 착륙에 성공하며 미국과 소련에 이은 세 번째 달 착륙 국가가 되었다. 2020년대에는 우주인을 달에 보낼 계획이다.

창어 3호(Chang'e 3)

일본은 2007년 달 탐사 위성 '셀레네', 일본명 '가구야' 발사에 성공했고, 2018년 안에 가구야 2호를 발사할 계획이다. 2020년대 달 기지 건설을 목표로 하고 있다.

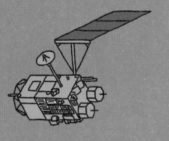

셀레네(SELENE, Selenological and Engineering Explorer)

인도는 2008년 달 궤도 위성 찬드라얀 1호 발사에 성공했다. 2018년에는 러시아와 함께 찬드라얀 2호를 발사할 예정이다. 이 위성은 달 궤도기 외에 달 착륙선과 월면 탐사 차량으로 구성된다.

찬드라얀 1호(Chandrayan-1)

우리나라는 2008년부터 2012년까지 사대강 사업에 22조를 쏟아 부었다.
여기에 참여한 건설사는 담합해 뒷돈을 챙겼고 부실 공사의 징후가 곳곳에서 보인다.
공사 과정에서 수많은 습지와 생태계가 파괴되었고,
앞으로도 엄청난 유지비가 들 전망이다.

한국은 2013년 우주 발사체 나로호 발사에 성공했다. 이를 계기로
나사 등과 협력해 2017년 시험용 달 궤도선을 발사하고,
2020년 본 궤도선과 무인 착륙선을 자력 발사한다는 계획이다.

한편 월진은 달 탐사에 있어 잊지 말아야 할 악몽도 함께 떠오르게 했다.

월진은 달 탐사의 시작부터 끝까지 골칫덩이였다.

월진은 굉장히 미세하고 깨진 병 조각처럼 날카롭습니다.

웨스턴오스트레일리아 대학교의
브라이언 오브라이언(Brian O'Brien)교수

1969년 당시 미국은 달 탐사에서 마주치게 될 재해 요소, 그중에서도 특히 우주 방사선에 신경을 쓰고 있었다. 그러나 정작 그들을 곤혹스럽게 만든 것은 월진이었다.

망할 먼지들!

월진은 우주복에 들러붙었고 기계 장치의 틈마다 들어가 문제를 일으켰다.

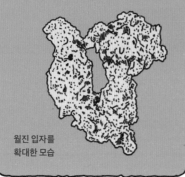

월진 입자를
확대한 모습

특히 태양 복사로 인한 과열을 방지하기 위해 표면을 윤기 있게 처리했지만 들러붙은 월진으로 인해 반사율이 떨어졌고, 이는 기계 과열의 원인이 되었다.

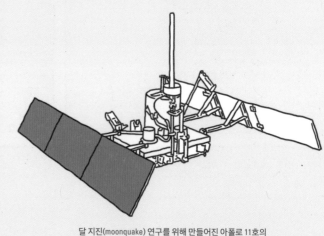

달 지진(moonquake) 연구를 위해 만들어진 아폴로 11호의
수동 지진 실험(passive seismic experiment)은 월진으로 인해
기계적 문제와 과열을 일으켰다.

아폴로 17호의 우주 비행사
유진 서넌(Eugene Cernan, 1934~2017년)은
월진의 악몽을 이렇게 표현했다.

우리는 다른 생리적, 물리적, 기계적인 문제는 극복할 수 있습니다. 단, 먼지는 예외입니다.

하지만 나사가 월진을 대비해 행한 조치는 아폴로 비행선에 1966년 오브라이언 교수가 개발한
분진 감지 실험기(Dust Detector Experiment, DDE)를 실어 보낸 것뿐이었다.

이 기기는 유입되는 방사선을 막는 다른 양의 차폐막으로 덮인 세 개의 태양 전지를 탑재했다.
노출 정도에 따라 월진과 방사능에 따른 손상을 비교하려는 목적이었다. 태양 전지는 정기적으로
전압 자료(voltage data)를 전송했는데 전지 표면에 들러붙은 월진 입자가 태양광 발전을 방해해
전압 강하(voltage drop)를 만들었다. 6년 동안 이 감지기들은 달에서 자료를 전송했다.

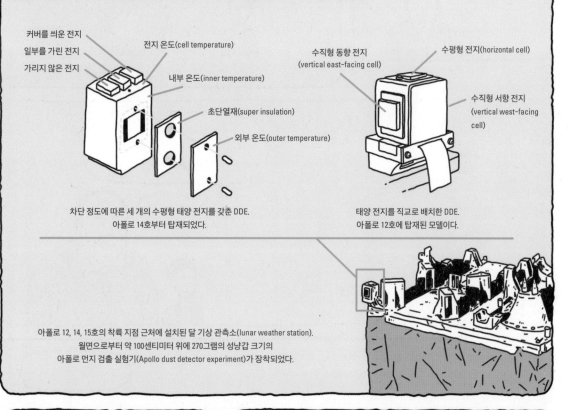

차단 정도에 따른 세 개의 수평형 태양 전지를 갖춘 DDE.
아폴로 14호부터 탑재되었다.

태양 전지를 직교로 배치한 DDE.
아폴로 12호에 탑재된 모델이다.

아폴로 12, 14, 15호의 착륙 지점 근처에 설치된 달 기상 관측소(lunar weather station).
월면으로부터 약 100센티미터 위에 270그램의 성냥갑 크기의
아폴로 먼지 검출 실험기(Apollo dust detector experiment)가 장착되었다.

하지만 이 자료들은 곧 잊혔다.
나사는 이것 말고도 월진에 관한 많은
데이터를 가지고 있었으며 결정적으로
월진은 관심 대상이 아니었기 때문이었다.

아폴로 미션에 참가했던 테네시 대학교 녹스빌 캠퍼스의
지구 화학자 로런스 테일러(Lawrence Taylor)는 이렇게 말했다.

그 당시만 해도,
누구도 월진에 신경 쓰지
않았습니다.

그리고 결국 2006년에 나사는 그 데이터를 분실했으며 복구할 수 없다고 발표했다.

뭐야?!

먼지 검출 실험기를 개발했던 오브라이언 교수는 백업 자료 일부를 가지고 있었다. 그는 서둘러 추가 자료를 모아 동료와 함께 데이터를 분석했다.

자료를 대체 어떻게 관리한 거람!

브라이언 오브라이언과 모니크 홀릭(Monique Hollick)

태양광 전지 위로 인공적으로 만든 월진을 뿌려 출력 변화를 측정한 다른 과학자의 선행 연구와 기존의 먼지 검출기가 보내온 일부 백업 자료를 이용해 월진의 집적과 전압 강하의 관계를 추산한 결과를 2013년 11월에 《우주 기상(Space Weather)》에 발표했다.

분석 결과 방사선보다는 먼지가 태양 전지에 가장 심한 손상을 일으키는 원인으로 밝혀졌습니다.

하지만 그 결과는 적잖은 논란을 일으켰다. 왜냐하면, 오브라이언이 제시한 월진이 쌓이는 속도는 기존의 결과보다 무려 10배나 빨랐기 때문이다.

말도 안 돼!

달에는 대기도 없고 바람도 불지 않는다. 그래서 지금까지는 유성이 충돌하거나 우주 먼지가 떨어져 먼지가 축적된다고 생각했다.

그러나 이번 오브라이언의 이론에 따르면 태양에서 뿜어져 나오는 방사선에 의해 먼지가 대전되어 달 표면에서 부유할 수 있다고 한다.

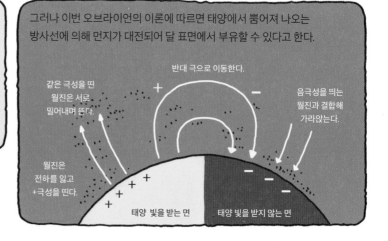

같은 극성을 띤 월진은 서로 밀어내며 뜬다.

반대 극으로 이동한다.

음극성을 띠는 월진과 결합해 가라앉는다.

월진은 전하를 잃고 +극성을 띤다.

태양 빛을 받는 면

태양 빛을 받지 않는 면

달의 수평선 위로 빛나는 먼지를 보았다는 아폴로 우주 비행사의 증언은 우리의 가설을 증명해 주는 것으로 보입니다.

어디서 그런 엉터리 논문을!

진짜 월진을 사용한 것이 아니므로 당신들의 실험은 완벽하다고 볼 수 없습니다.

로런스 테일러

당신들의 주장대로라면 먼지가 너무 많습니다. 누구도 그것을 믿지 않을 것입니다.

달에는 전압 강하를 일으키는 다른 요소들이 있기 때문에 무조건 월진만을 원인으로 보아서는 안 됩니다.

나사 고다드 우주 비행 센터의
행성학자 데이비드 윌리엄스(David Williams)

오브라이언이 제시한 월진 이동에 관한 가설은 그리 멀지 않은 시기에 증명될 것으로 보인다. 2013년 9월에 발사한 나사의 최신 달 탐사선 라디는 월면 위 250킬로미터 상공에서 빛을 쏘아 부유하는 먼지를 감지할 수 있다. 라디의 주 임무는 달 주변을 감싸고 있는 얇은 가스층(표면 경계 외기권)의 화학 성분과 먼지 입자를 분석하는 것이다.

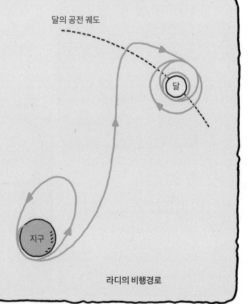

달의 공전 궤도

달

지구

라디의 비행경로

앞으로 달에 기지를 건설하고 생활하는 데 있어 월진은 적잖은 장애물이 될 것으로 보입니다.

특히 오브라이언의 주장이 사실이라면 고민의 깊이는 좀 더 깊어지겠지요.

하지만 그의 말이 맞더라도 월진이 쌓이는 정도가 방의 먼지만큼은 아니니 걱정할 필요는 없습니다.

비록 기존의 속도보다 10배나 빠르다고는 하지만 오브라이언이 계산한 축적률은 1000년간 지속적으로 쌓여 1밀리미터 두께의 층을 형성할 수 있는 속도이니까요.

이것은 만약 당신이 달 위에 무언가를 놓아두더라도 깨끗하게 유지될 것임을 말해 줍니다.

나사 글렌 연구 센터 물리학자
제임스 가이어(James Gaier)

앞으로 달은 우리에게 또 어떤 이야기를 들려줄지는 모르지만,

세대를 넘어 즐거움을 공유하고 함께 연구하는 모습은 밤하늘의 달을 바라보는 것만큼이나 감동적이다.

달이 다시 떠오른다.

저는 모니크가 태어나기 오래전인 1966년에 월진 검출기를 발명했습니다.

일흔아홉의 나이에 23세의 연구원과 46년 된 데이터를 가지고 연구하고 있습니다.

우리는 함께 흥미로운 것을 발견했습니다.

뉴스 업데이트 ver.12

최근까지 연구자들은 달과 같이 공기가 없는 행성 표면에서 어떻게 먼지 입자가 이동이 가능할 정도의 큰 전하와 정전기력을 얻을 수 있는지를 완벽히 설명하지 못했습니다. 그러나 최근 미국 콜로라도 대학교 볼더 캠퍼스 연구팀은 실험실에서 실험을 통해 마이크로미터 단위의 먼지 입자가 자외선이나 플라스마를 쐬었을 때 몇 센티미터가량 뛰어오르는 것을 기록했다고 논문을 통해 보고했습니다. 이는 먼지 입자들 사이에서 광전자와 전자의 방출 및 재흡수가 일어나면서, 예기치 않게 큰 전하와 강력한 입자 반발력이 생성되어 입자들이 이동하거나 부유하는 힘이 생성될 수 있음을 실험적 증거로 제시한 것입니다.

이 연구 결과는 2016년 《지구 물리학 연구지(Geophysical Research Letters)》에 게재되었습니다.

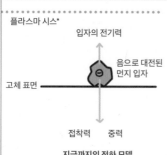

지금까지의 전하 모델
플라스마에 노출된 표면에 붙어 있는 먼지 입자에 작용하는 세가지 힘. 접착력은 반데르발스 힘**으로 전기력에 저항한다.

* 플라스마 시스(plasma sheath): 플라스마 내의 물체 주위에 축적하는 동일 부호의 하전 입자층
** 반데르발스 힘: 분자 간에 작용하는 힘 중 하나

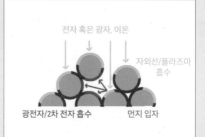

수정된 전하 모델
먼지 입자가 모이면 내부에 미세한 공간이 생긴다. 입자광(광자 및/또는 전자와 이온)에 의해 먼지의 외부 표면(파란색 부분)은 음전하로 대전되고, 동시에 먼지 입자 표면에서 2차 광전자 혹은 전자가 방출된다. 내부 공간을 이루는 먼지의 표면(빨간색 부분)에서 이러한 상호 작용이 반복되면서 척력이 발생한다.

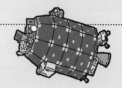

13장

외계인의 전자레인지는
휘파람을 불 수 있을까?

#단속_전파_폭발 #페리톤 #187.5의_배수

2007년 당시
우리는 광활한 우주에서
펄서를 찾고 있었습니다.

미국 웨스트버지니아 대학교의
천체 물리학자 던컨 로리머(Duncan Lorimer)

펄서는 빠르게 회전하는 중성자별로 짧고 규칙적인 광선을 방출한다. 천문학자들에게는 우주의 등대라고 할 수 있으며 천체를 관측하는 데 중요한 기준점으로 활용되고 있다.

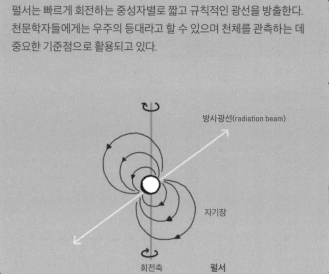

그러나 던컨 로리머 팀이 오스트레일리아 파크스 전파 망원경의 2001년 8월 24일 데이터에서 발견한 것은 펄서와는 다른 기묘한 폭발의 흔적이었다.

그것은 우리 은하 주위에 있는 소마젤란 은하 부근으로 추정되는 곳에서 발생한
짧고 강력한 폭발이었다. 현재는 이를 '단속 전파 폭발(fast radio burst, FRB)'이라 부른다.

폭발 추정 지역

지구에서 수십 억 광년 떨어진 곳에서
이 정도로 강력한 전파가 날아왔다는 것은
매우 강력한 폭발이라는 뜻입니다.

우리는 그 신호가 특이하다는 것은
알았지만, 정체가 무엇인지 정확히
이해할 수 없었습니다.

우리가 발견한 신호는
단 한 개뿐이었기 때문에

이게 진짜 천문학적 현상인지
인공물에서의 전파 간섭인지
확신할 수 없었습니다.

그 기묘한 신호는 다시 모습을 드러냈다.
2011년 에번 킨은 파크스 전파 망원경
데이터에서 두 번째 단속 전파 폭발을 발견했다.

로리머와 달리
제가 발견한 것의 발원점은
우리 은하 내부인 것
같았습니다.

영국 맨체스터 조드럴 뱅크 천체 물리학 센터의
천체 물리학자 에번 킨(Evan Keane)

우주 어딘가에서 일어난 폭발은
모든 주파수의 전파를 동시에 방출한다.

그러나 높은 주파수는 에너지가 강하기 때문에 빠르게
이동하는 반면, 낮은 주파수는 에너지가 약하기 때문에
우주 공간에 퍼져 있는 물질과의 상호 작용으로 속도가 느려진다.
따라서 전파는 동시에 도착하지 않는다.

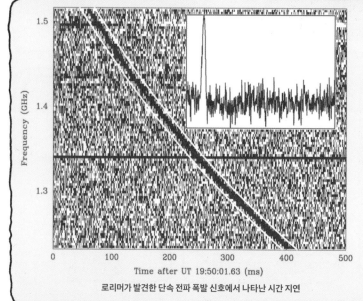

로리머가 발견한 단속 전파 폭발 신호에서 나타난 시간 지연

이동한 거리가 멀수록, 이동 중 마주치는
물질의 양이 많을수록 높은 주파수와
낮은 주파수가 도착하는 시간 지연의
간격은 늘어난다.

이러한 전파의 지연을
소리로 듣는다면 휘파람
소리처럼 들릴 겁니다.

단속 전파 폭발에서 관찰된 시간 지연은 이 신호가 먼 우주에서 날아왔음을 말하고 있었다.
그러나 정말로 이 신호는 우주 너머 별이 부는 휘파람 소리일까?

2012년 세라 버크 스팔로어의 연구팀도
'로리머의 전파 폭발(Lorimer's burst)'을 찾기 위해
파크스 천문대의 데이터를 뒤졌다.
그러나 그녀 앞에는 또 다른 뭔가가 나타났다.

칼텍의 천체 물리학자
세라 버크 스팔로어
(Sarah Bucke Spolaor)

우리가 찾은 것은
단속 전파 폭발이 아닌
그와 매우 유사한 16개의
전파 폭발이었습니다.

단속 전파 폭발과 달리 이 폭발은 우주 먼 곳이 아닌
바로 우리 코 앞, 대기권 근처에서 발생한 것으로 보였다.
또 주로 늦은 아침에 전파 폭발이 감지되었기 때문에
지구의 주기와도 묘한 관련성이 보였다.

분명 여러 정황으로
미루어 보아 비행기나 번개와
같이 지구 내에 그 발생 원인이
있는 것 같았습니다.

버크 스팔로어는 인간의 활동이 원인으로
보이는 이 전파 폭발에 대해 사람의 그림자를
쫓는 신화 속 동물인 페리톤(peryton)의
이름을 붙였다.

이후 여러 전파 망원경에서 페리톤이 관측되었다.
취리히 인근 블라이엔 전파 관측소에서 5개가
발견되었으며,

독일 본의 막스 플랑크 연구소에서 전파 천문학을
연구하는 천체 물리학자 로라 스피틀러(Laura Spitler)
또한 푸에르토리코의 아레시보 전파 망원경(Arecibo radio
telescope)의 2012년 데이터에서 페리톤 유형의
전파 폭발 7개를 발견해 2014년 8월《천체 물리학 저널
(Astrophysical Journal)》에 발표했다.

단속 전파 폭발은 대기권 더 높은 곳에서
일어나는 페리톤의 일종이 아닐까요?
파크스 전파 망원경 위 대략 20킬로미터
너머에서 페리톤이 일어나면 마치 다른 은하에서
오는 것 같이 보일 겁니다.

칼텍의 천체 물리학자 쉬리 쿨카니(Shri Kulkarni)

페리톤도 단속 전파 폭발도
명확한 원인을 찾지 못한 가운데,

2013년 조드렐 뱅크 천체 물리학 센터의 댄 손튼(Dan Thornton) 팀이 파크스 전파 망원경에서
추가로 4개의 단속 전파 폭발을 발견했다. 또 다른 팀도 아레시보 전파 망원경에서 단속 전파 폭발을
발견하면서 상황이 달라지기 시작했다.

우리가 발견한 단속 전파 폭발 중에는
104억 광년 떨어진 곳에서 발생한 것으로
추정되는 것도 있었습니다.

댄 손튼

지금까지 10여 개의 단속 전파 폭발이 보고되었다.
계속된 발견은 단속 전파 폭발이 단순한 전파 간섭이
아닌 우주에서 일어나는 현상임을 확신하게 했다.

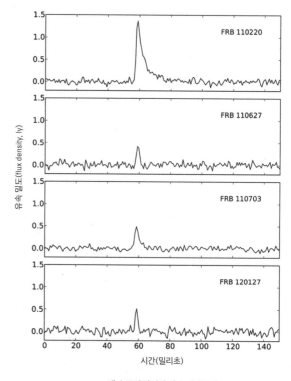

댄 손튼이 발견한 단속 전파 폭발

단속 전파 폭발은 한 달 동안 태양이 방출하는 것보다 많은 에너지를
단 몇 밀리초 동안 폭발시킨다. 이런 밝기와 지속 시간을 미루어 보면 대략
수백 킬로미터 정도 크기의 천체가 일으키는 폭발이나 내파로 추정하고 있다.

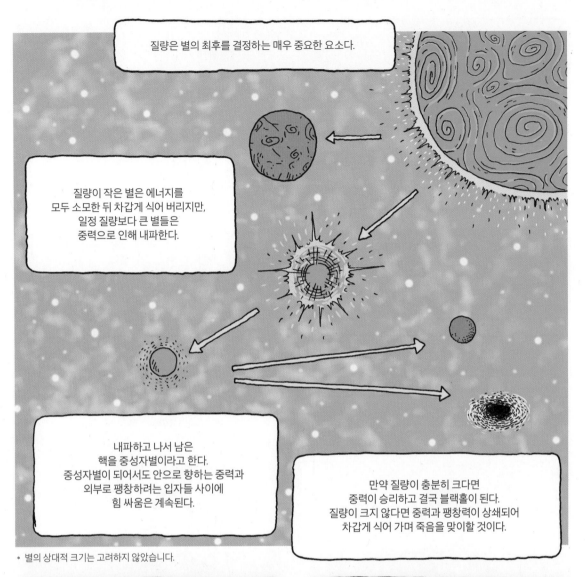

질량은 별의 최후를 결정하는 매우 중요한 요소다.

질량이 작은 별은 에너지를
모두 소모한 뒤 차갑게 식어 버리지만,
일정 질량보다 큰 별들은
중력으로 인해 내파한다.

내파하고 나서 남은
핵을 중성자별이라고 한다.
중성자별이 되어서도 안으로 향하는 중력과
외부로 팽창하려는 입자들 사이에
힘 싸움은 계속된다.

만약 질량이 충분히 크다면
중력이 승리하고 결국 블랙홀이 된다.
질량이 크지 않다면 중력과 팽창력이 상쇄되어
차갑게 식어 가며 죽음을 맞이할 것이다.

＊ 별의 상대적 크기는 고려하지 않았습니다.

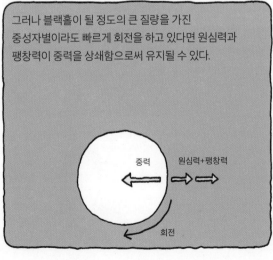

그러나 블랙홀이 될 정도의 큰 질량을 가진
중성자별이라도 빠르게 회전을 하고 있다면 원심력과
팽창력이 중력을 상쇄함으로써 유지될 수 있다.

중력 　 원심력+팽창력

회전

하지만 회전 운동은 에너지를 소비하기 때문에
회전 속도는 점차 느려지고 결국 별은 중력에 의해
붕괴하고 말 것이다.

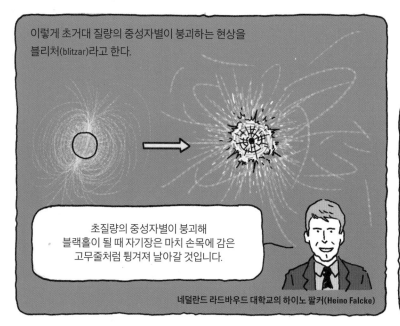

이렇게 초거대 질량의 중성자별이 붕괴하는 현상을 블리처(blitzar)라고 한다.

초질량의 중성자별이 붕괴해 블랙홀이 될 때 자기장은 마치 손목에 감은 고무줄처럼 튕겨져 날아갈 것입니다.

네덜란드 라드바우드 대학교의 하이노 팔커(Heino Falcke)

바로 이 현상이 단속 전파 폭발이 아닐까 생각합니다.

그러나 손튼의 동료인 오스트레일리아 멜버른의 스윈번 공과 대학 천문학 교수 매튜 베일스(Matthew Bailes)는 팔커의 가설에 반대한다.

거참….

만약 우리가 하늘 전체를 관측할 수 있다면, 단속 전파 폭발은 10초마다 한 번씩 발생할 겁니다. 문제는 블리처가 별의 폭발로 일어나는 단발성 현상이라는 점입니다.

팔커의 가설대로라면 그런 희귀한 유형의, 매우 빠르게 회전하는 초거대 질량의 중성자별 폭발이 단속 전파 폭발의 발생 빈도만큼 존재해야 합니다.

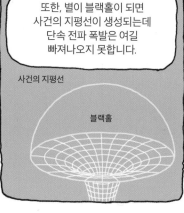

또한, 별이 블랙홀이 되면 사건의 지평선이 생성되는데 단속 전파 폭발은 여길 빠져나오지 못합니다.

사건의 지평선

블랙홀

이제껏 블랙홀에서 어떤 신호를 관측했다는 연구는 없습니다.

저는 마그네타(magnetar)라는 중성자별을 용의자로
보고 있습니다. 이 별은 중성자별 중에서도 매우 강한 자기장을
지닌 천체로 지구 자기장보다 거의 1000조 배 강한 자기장을
가지고 있습니다. 연구자들은 2014년에 마그네타의 강력한
전파 폭발을 관측했습니다.

단속 전파 폭발은 마그네타의 강력한
자기장 소용돌이에 의한 충격파로 방출되는
전파 폭발이 아닐까 합니다.

마그네타 내부

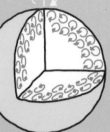

천체의 회전은 액체 맨틀에서
열의 대류를 일으켜 자기장을
발생시킨다.

'마그네타 이론'은 별의 폭발이 아닌,
충격에 의한 방출로 설명하기 때문에
현상이 반복적이라는 점에서도
블리처보다 유리합니다.

중성자별은 고체 핵과 액체 맨틀, 얇은 고체 표면을 가지고 있다.
마그네타는 중성자별의 한 유형으로 회전 속도가 초당 200회를
넘으면 열과 회전 에너지가 자기장을 발생시킨다.

이렇듯 연구자들이 단속 전파 폭발이 실제 현상인지를 밝히려 노력하는 이유 중 하나는
이것이 우주를 측정하는 또 하나의 좋은 도구가 될 수 있기 때문이다.

특정 은하에서 방출되는 단속 전파 폭발을 추적할 수 있다면
이를 이용해 그 은하까지의 거리를 측정할 수 있으며, 우리 은하 사이의
전자 밀도 평균을 계산할 수 있다고 과학자들은 말한다. 특히 은하 간
공간을 채우고 있을 플라스마를 연구하는 데 유용할 것으로 기대하고 있다.

플라스마는 초고온에서 전자와 양성자로 나뉜 물질의 상태로
고체, 액체, 기체에 이은 물질의 네 번째 상태로 꼽힌다.
은하 간 공간을 채우고 있지만 밀도가 매우 낮아서 연구가 어렵다.

천문학에서는 새로운 현상을
발견하는 일이 흔하지 않기 때문에
천문학자들은 기대에 부풀었다.

여러 은하의 단속 전파 폭발을
이용한다면 은하 간 공간의 물질
분포와 자기장에 관한 3D 지도를
만들 수 있을 것입니다.

단속 전파 폭발을 연구할
여러 프로젝트가 진행되었고,
연구에 참여하고자 하는
관측소도 늘어났다.

한 예로 여러 망원경과 슈퍼컴퓨터, 고성능 처리 장치를 네트워크로 연결해 새로운 천문 현상을 발견하기 위한
거대 천문 프로젝트 SUPERB(Survey for Pulsars and Extragalactic Radio Bursts)에서 단속 전파 폭발을 연구하고 있다.

SUPERB의 마스코트인 요정굴뚝새(superb fairy-wren)

이렇게 단속 전파 폭발에 관한 기대감이 고조되고, 여러 가설들이 난무하는 와중에
2015년 4월 9일자 《아카이브(*arXiv*)》에 기막힌 논문이 발표되었다.

오스트레일리아 스윈번 공과 대학의
에밀리 페트로프(Emilie Petroff)와 동료들은
2015년 1월, 파크스 전파 망원경에서
3개의 페리톤을 감지했는데…

그 주파수가…

…

전자레인지와
동일한 주파수임을
깨달았습니다.

그녀의 팀은 동일한 현상을 만들기 위해 일주일 동안 물을 채운 머그잔과
전자레인지를 가지고 씨름을 했고, 마침내 전자레인지의 타이머가 끝나기 전에
문을 열었을 때 페리톤 현상이 나타나는 것을 확인했다.

타이머 종료 전에 문을 열면
극초단파가 발생합니다. 전자레인지가
전파 송출기가 되는 것이죠.

전파 망원경은
매우 민감하기 때문에
방향이 맞으면 이러한 전파를
감지할 수 있었던 것입니다.

페리톤의 정체가 우리의 아침을 책임지는 전자레인지의 부산물이었다는 결과는
단속 전파 폭발의 정체에도 의문의 시선을 던지게 했다.

아니나 다를까 뒤이어 단속 전파 폭발 위로
페리톤의 그림자가 드리워지는 결과가 발표되었다.

독일 노이키르헨플루인의 자료 분석가인
마이클 힙케(Michael Hippke)와 연구팀이 그동안
10개의 단속 전파 폭발을 분석한 결과
전파 지연, 즉 전파의 분산이 187.5의 배수라는
사실을 2015년 3월 17일 《아카이브》에 발표한 것이다.

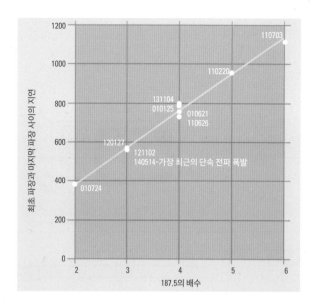

지금까지 발견된 단속 전파 폭발의
전파 분산을 각각 계산해 정리한 표.
일정한 비율로 나타남을 알 수 있다.

이런 일정한 패턴을
자연 현상으로 설명할 수 있는
사람은 아무도 없을 겁니다.

우주 공간의 물질 분포는
불규칙하기 때문에

각각의 전파 폭발의 분산 측정치
역시 불규칙해야 합니다.

결국 단속 전파 폭발 역시…

정찰 위성과 같은 인공물이
원인이 아닐까요?

과연 단속 전파 폭발은 페리톤과 마찬가지로 해프닝으로 끝날까? 아직은 섣불리 판단할 수 없다.

푸에르토리코에 위치한 아레시보 전파 망원경

그러나 분명한 것은 이번 사건이 정신적인 충격뿐만 아니라

전파 망원경에 머무는 천문학자들의 복지에도 악영향을 끼치고 말았다는 것이다.

그 발표 뒤 우리는 전자레인지를 모두 치웠습니다.

아레시보 전파 망원경의 책임자 로버트 커(Robert Kerr)

지금 전파 망원경이 있는 곳은 마치 현대 문명을 혐오하는 사람들이 거주하는 곳 같아요.

무선 전화도 없고, 무선 라우터도 없고, 블루투스 프린터나 헤드폰도 없어요.

··· 그리고 연구비가 떨어지면 종종 음식도 없습니다.

끙끙끙끙

뉴스 업데이트 ver.13

지금까지 단속 전파 폭발 신호는 아주 드물게 단발로 감지되어 왔습니다. 그러나 2016년 3월《네이처》에는 같은 방향에서 오는 열 번의 폭발을 관측했다는 논문이 실렸습니다. 이는 단속 전파 폭발이 그 원천이 무엇이든 간에 파괴되면서 나오는 신호가 아니라 보다 안정적인 상태에서 방출되는 신호라는 가설을 지지하는 증거라고 볼 수 있습니다. 연구팀은 이 신호가 아주 어린 중성자별에서 방출된 것으로 예상하고 있습니다. 현재 과학자들은 단속 전파 폭발을 일으키는 원천이 최소 두 가지 이상일 것이라고 생각합니다.

우리는 반복적인 단속 전파 폭발이 발생한 은하가 어디인지 확인할 수 있기를 기대합니다. 그러면 그 단속 전파 폭발의 원천이 지닌 성질을 이해하는 데 큰 도움이 될 것입니다.

논문의 공동 저자인 네덜란드 암스테르담 대학교의 천문학자 야손 헤설스(Jason Hessels)

14장

쓸데없이 정확한 시계?

#시계의_변천사 #50억_년에_1초
#시간 #연결

2014년 1월 22일 미국 국립 표준 기술 연구소(NIST)는
《네이처(Nature)》를 통해 50억 년에 1초의 오차를 지닌
스트론튬 원자시계 개발에 성공했다는 소식을 알렸다.

시계라고?
저런 시계 말인가?

미국 콜로라도 대학교 볼더 캠퍼스와
미국 표준 기술 연구소가
함께하는 합동 물리학 연구소의 리더
준 예(Jun Ye) 박사.
이번 원자시계 개발을 이끌었다.

게다가 50억 년에 1초의 오차란,
지구 탄생부터 시계를
작동시켜도 지금까지 채 1초의
오차도 나지 않는다는 말이다.

한마디로…

왜 미국의 연구소에선
시계 따위를 만들고
있는 거지?

시계가 과하게
정확한 것 같은데요.

시계와 표준은 어떤 관계가 있기에 이름도 거창한 미국 국립 표준 기술 연구소에서는 시계를 만들고 있는 걸까요?

그리고 시계의 오차를 줄이는 연구를 왜 시계 회사가 아닌 국가 연구소에서 하고 있는지도 의문입니다.

분명 연구자들이 이처럼 정확한 시계를 만드는 것은 우리가 일반적으로 생각하는 '시계' 이상의 의미가 있기 때문일 것이다.

이들이 만드는 것은 대체 어떤 시계이며,

현재 우리의 삶에 어떤 기여를 하는 걸까요?

어? 시간이 다르네?

세금으로 연구자들이 개인적인 취미 생활을 즐기는 것인지, 아니면 정말 가치 있는 연구를 하는 것인지 한번 따져 보자.

이번에 엄청 정확한 시계를 만들어 보자.

그거 좋지. 사람들이 깜짝 놀라겠지?

그러나 제대로 따지기 위해서는 먼저 우리도 시간과 시계의 의미를 이해해야 한다.

시간은 무엇일까요?

똑 딱

· · · · ·

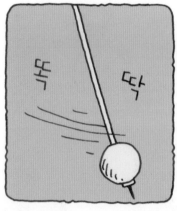

똑 딱

· · · · ·

물론 저는
모릅니다.

그래도 일당은
주셔야 합니다.

아저씨,
그냥 치워 주세요!
정신 사납네요.

오랫동안 똑똑하다는
사람들이 덤볐어도
풀지 못한 문제를 제가
알 리가 없죠.

일당!

알았다니까요.

그래서 시간을
어떤 '흐름'이라고 간단히
생각하죠.

그럼 시간을 잰다는 것은
어떤 의미일까요?

길이나 무게, 압력과 같은 측정 단위들은 보거나 느낄 수 있지만, 시간은 그렇지 않다.

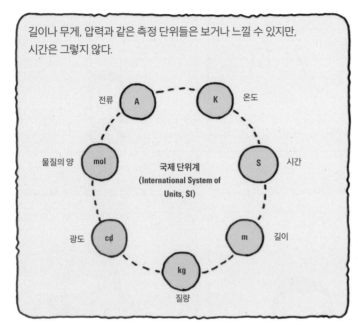

그러나 시간은 세상을 이해하는 데 꼭 필요한 단위다.

벌써 해가….

밤낮과 계절이 바뀌고, 생물은 태어나고 죽는다. 이 모든 것은 시간의 흐름 속에 있다.

그렇기에 인류는 볼 수도, 만질 수도 없는 시간이라는 녀석을 재기 위해 노력했다.

인류는 주기적으로 일어나는 현상을 세면서 시간이 흐른 정도를 가늠했습니다.

똑딱 똑딱

우린 이렇게 주기적인 현상을 세어 시간의 흐름을 알려 주는 것을 시계라고 부릅니다.

따라서 시계가 될 수 있는 요건은 바로 규칙적인 주기성이다.

규칙적인 심장 박동도 시계가 될 수 있고, 옆집 개가 주기적으로 짖는다면 이 또한 얼마든지 시계가 될 수 있다.

옆집 개가 짖는 걸 보니 아침 7시인가 보군!

중요한 것은 이러한 주기성이 항상 규칙적이어야 한다는 점이다.

지각이다!

젠장! 9시잖아! 저놈의 강아지는 오늘따라 왜 늦게 짖은 거야?!

시간과 장소를 불문하고 동일한 주기성을 유지해야 좋은 시계라 할 수 있다.

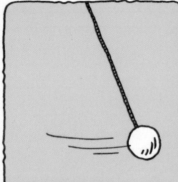

인류는 고대로부터 시계가 될 수 있는 사물이나 현상을 찾으려 노력했다.

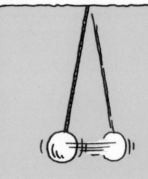

그러나 마찰과 중력 때문에 지구에는 오랫동안 정확히 규칙적으로 움직이는 것은 존재할 수가 없다.

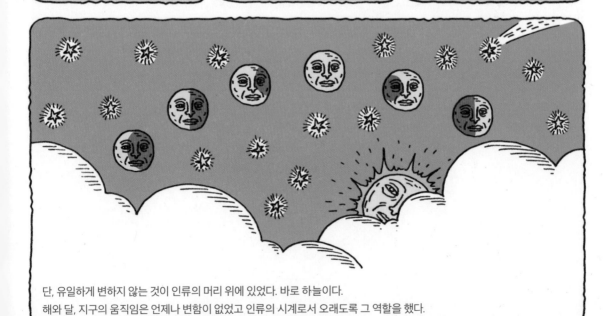

단, 유일하게 변하지 않는 것이 인류의 머리 위에 있었다. 바로 하늘이다.
해와 달, 지구의 움직임은 언제나 변함이 없었고 인류의 시계로서 오래도록 그 역할을 했다.

하지만 엄밀히 보면 하늘의 움직임도 정확한 주기성을 가진 것은 아니었다. 이들은 여러 요인들에 의해
영향을 받기 때문에 조금씩 오차가 발생한다. 그리고 천체를 관측하는 데는 오랜 시간과 전문적인 훈련이 필요하다.
따라서 사람들은 좀 더 간편하게 시간을 측정할 수 있는 시계가 필요했다.

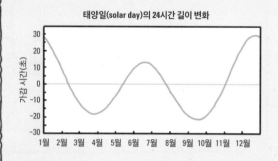

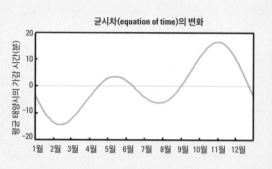

문헌에는 1283년 영국의 한 수도원에 최초로 추시계가 설치되었다고 기록되어 있다.
탈진기(escapement)와 폴리오(foliot)는 기계식 시계의 탄생을 이끌었다.

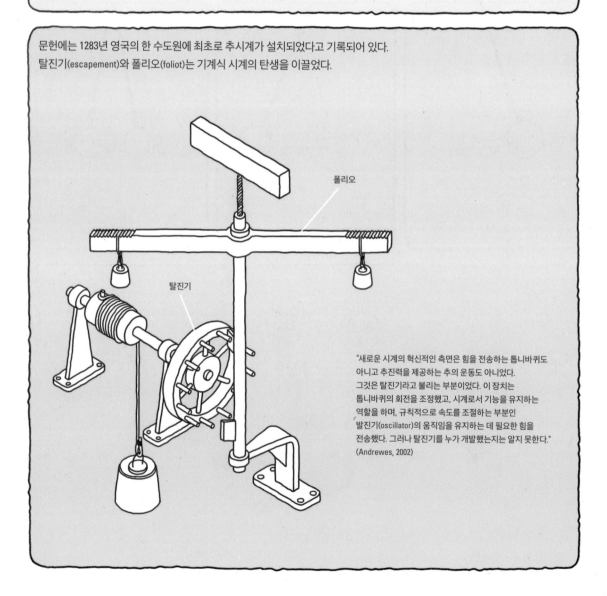

"새로운 시계의 혁신적인 측면은 힘을 전송하는 톱니바퀴도
아니고 추진력을 제공하는 추의 운동도 아니었다.
그것은 탈진기라고 불리는 부분이었다. 이 장치는
톱니바퀴의 회전을 조정했고, 시계로서 기능을 유지하는
역할을 하며, 규칙적으로 속도를 조절하는 부분인
발진기(oscillator)의 움직임을 유지하는 데 필요한 힘을
전송했다. 그러나 탈진기를 누가 개발했는지는 알지 못한다."
(Andrewes, 2002)

1400년대 발명된 퓨지(fusee)는 휴대용 시계의 시대를 열었다.

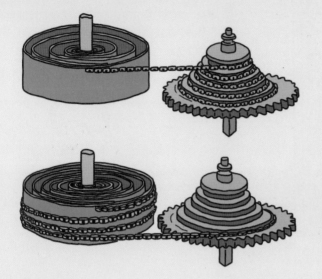

오랫동안 휴대용 시계는 비싼 가격으로 인해
부의 상징이었다. 1800년대에 이르러
대량 생산이 가능해지면서 가격이 내려가고,
일반 사람들도 휴대용 시계를 가질 수 있었다.

1656년 크리스티안 하위헌스는 최초로 진자(pendulum)를 이용한 시계를 발명했다.
그는 이후로도 진자시계 기술의 향상에 크게 이바지했다.

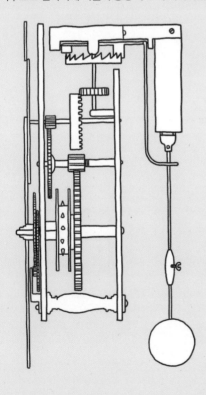

크리스티안 하위헌스(Christiaan Huygens, 1629~1695년)
네덜란드의 수학자이자 물리학자, 천문학자.
망원경을 개량해 토성의 위성인 타이탄과 토성의 고리를
발견했고, 광학과 파동에서도 선구적인 연구를 이루어 냈다.

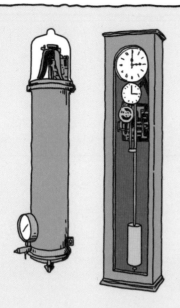

윌리엄 쇼트의 동기식 자유 진자시계(synchronome free pendulum clock)는 1920년대에 개발된 복잡한 전기-기계식 진자시계로, 1년에 수 초의 오차를 내며 진자시계가 도달할 수 있는 최대한의 정확도를 만들어 냈다.

윌리엄 해밀턴 쇼트(William Hamilton Shortt, 1881~1971년)

피에르 퀴리(Pierre Curie, 1859~1906년)가 발견한 압전 효과(piezoelectric effect)는 석영(quartz)시계 탄생의 토대가 되었다. 석영시계는 1939년 영국 왕립 천문대에 설치되었고, 1950년대 표준 주파수 역할을 했다. 석영시계는 지금도 손목시계와 컴퓨터, 휴대폰, 라디오 등 다양한 곳에 쓰이고 있다.

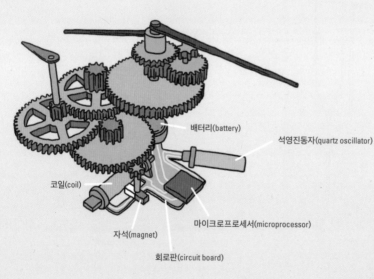

배터리(battery)

석영진동자(quartz oscillator)

코일(coil)

자석(magnet)

마이크로프로세서(microprocessor)

회로판(circuit board)

석영 결정은 압축하거나 팽창시키면 전하가 발생한다. 반대로 전압을 가하면 팽창과 수축을 일으키며 진동을 한다. 석영시계는 이 진동을 이용한다.

그리고 마침내 인류는
원자에 이르게 되었다.

원자는 에너지 상태가 바뀔 때 일정한 진동의 전자기파를 발생시킨다.
인류는 원자를 다룰 수 있는 이론과 기술을 손에 거머쥐면서 이러한 원자의
특성을 시계로 활용할 수 있게 되었다. 이를 원자시계(atomic clock)라고 한다.

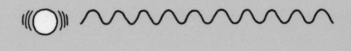

1920년대부터 극초단파를 이용한 전자 공학의 발전으로
원자시계는 점점 현실화되기 시작했다. 1930년대와 40년대에
컬럼비아 대학교의 이지도어 라비와 그의 동료는
원자시계의 모든 기본적인 개념을 세웠다.

이지도어 라비(Isidor Rabi, 1898~1988년)

마침내 1952년에
미국 국립 표준 사무국(National Bureau of Standards, NBS)에서
세슘의 초단파를 성공적으로 측정했다.

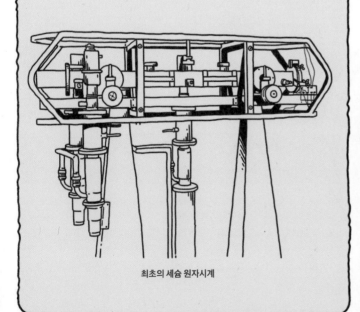

최초의 세슘 원자시계

그러나 연구는 계속 이어지지 못했다.
예산 문제도 있었고, 다른 분야에
우선 순위를 빼앗겼기 때문이었다.

원자의 주파수로 초를 정의하기까지
10년이 더 걸렸습니다.

그 사이 1956년 국제 도량형 총회(General Conference of Weights and Measures, CGPM)*는
지구 공전주기를 기준으로 태양년의 1/31,556,925.9747을 1초로 정의했다.
이것은 미국 해군 관측소(United States Naval Observatory, USNO)가
이중 속도 달 위치 카메라(dual-rate Moon position camera)를 이용해
4년 동안 주위 별들과 달의 위치를 측정해 얻은 결과였다.

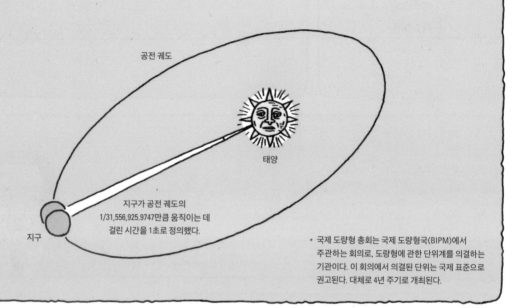

공전 궤도

태양

지구가 공전 궤도의
1/31,556,925.9747만큼 움직이는 데
걸린 시간을 1초로 정의했다.

지구

* 국제 도량형 총회는 국제 도량형국(BIPM)에서
주관하는 회의로, 도량형에 관한 단위계를 의결하는
기관이다. 이 회의에서 의결된 단위는 국제 표준으로
권고된다. 대체로 4년 주기로 개최된다.

하지만 달 관측은 매우 지루한 작업이었다. 미국 해군 관측소는 4년 동안의 달 관측으로 얻은 결과와
동일한 수준의 정확성을 단 몇 분 만에 달성할 수 있는 세슘 원자시계에 주목했다. 마침내 1967년에
국제 도량형 총회는 국제 표준으로서의 초를 재정의했다.

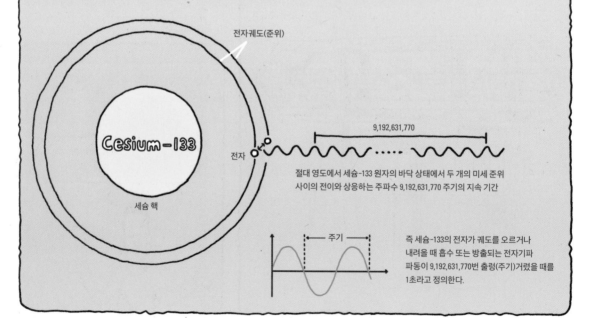

전자궤도(준위)

9,192,631,770

Cesium-133

전자

절대 영도에서 세슘-133 원자의 바닥 상태에서 두 개의 미세 준위
사이의 전이와 상응하는 주파수 9,192,631,770 주기의 지속 기간

세슘 핵

주기

즉 세슘-133의 전자가 궤도를 오르거나
내려올 때 흡수 또는 방출되는 전자기파
파동이 9,192,631,770번 출렁(주기)거렸을 때를
1초라고 정의한다.

원자시계를 이용해 인류는 처음으로
태양, 달, 지구의 움직임과 상관없이
정확한 시간을 잴 수 있게 되었다.

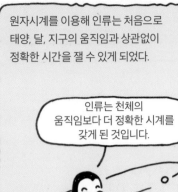

인류는 천체의
움직임보다 더 정확한 시계를
갖게 된 것입니다.

더 나은 시계를 개발하려 했던 인류의 역사는 다시 말해
얇고 촘촘하며 더 정확한 간격의 눈금을 가진 자를 이용해
시간을 재려 했던 인류의 노력이었던 것이다.

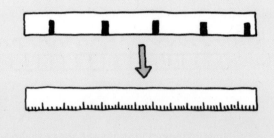

그러나 너무 정확해서 문제였다. 원자시계는
우리의 삶을 지배하는 천체 시간과 일치하지 않았다.
원자의 고유 진동은 태초부터 일정한 데 비해
천체의 움직임은 조금씩 오차가 있기 때문이었다.

따라서 인간의 생활 패턴을 좌우하는
거시 세상과 상관없는, 오직 물리적인 수치로서의
시간이 진정한 시간인지에 대한 논란이 일었다.

저녁 2시?

낮 9시?

현재는 천문시와 원자시의 오차가 0.9초 이내에 머물도록 조정하고 있다. 만약 오차가 커지면
윤초(leap second)를 도입해 원자시를 수정한다. 윤초는 천문시가 원자시를 따라잡을 수 있도록
원자시가 잠시 멈추는 것이다. 최근 윤초는 우리나라 시각으로 2017년 1월 1일 09시 00분에 있었다.

더 정확한 시계를 덜 정확한 시계에
맞추는 역설적인 상황이 된 것이죠.

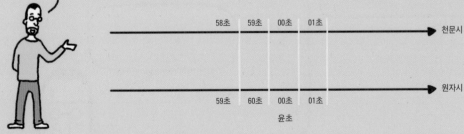

그러면 더 정확한 시계도 가능할까?

원자는 종류마다 고유의 진동 주파수를 가지고 있다. 원자시계는 이러한 원자의
고유 진동수를 재서 시간의 단위를 측정하는 것이니만큼 고유의 진동 주파수가 높은 원자를
이용하면 더 정밀한 시계를 만들 수 있다. 마치 눈금이 더 촘촘히 있는 자처럼 말이다.

세슘의 고유 진동수: 초당 9,192,631,770번

이터븀의 고유 진동수: 초당 518,295,836,590,864번

현재는 마이크로파보다 훨씬 더 높은 가시광선 영역의 주파수를 이용한 시계 개발이 활발히 진행되고 있다.

따라서 주파수 영역에 따라 원자시계는
다시 마이크로파 원자시계(microwave atomic clock)와
광시계(optical atomic clock)로 나뉘고 있습니다.

마이크로파   가시광선

한편 원자시계의 정확성을
결정하는 다른 요인들도 있다.

원자시계는 상상할 수 없을 정도로 작은 원자를 다룬다.

원자를 제어해 주파수를
재야 하니 당연히 양자 역학은
필수입니다.

그렇기에 일상에서는 전혀 생각하지도 않은 것들에 영향을 받는다.

> 휴. 우리도 원자시계를 개발하는 과정에, 레이저 주파수가 계속 흔들려서 난감했던 적이 있습니다.

한국 표준 과학 연구원 시간 센터장
유대혁 박사

물체에 방출되는 복사열, 중력, 지구 자기장 등 원자의 주파수에 영향을 미치는 요소가 10여 가지나 된다.

> 우리 실험실이 2층이다 보니 미세 진동에 영향을 받았고, 옆 실험실에서 진공을 만드는 데 사용하는 로터리 펌프도 영향을 주었습니다.

이러한 요인들을 제거해야만 제대로 된 원자시계를 만들 수 있다.

> 그래서 몇 달 동안 실험실을 통째로 옮겨야 했습니다.

현재 미국 국립 표준 기술원을 선두로 세계 여러 나라의 표준 연구소에서는 고유 진동수가 높은 원자를 이용해 더욱 정확한 원자시계를 개발하기 위한 노력을 계속하고 있다.

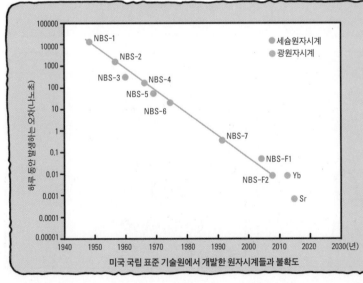

미국 국립 표준 기술원에서 개발한 원자시계들과 불확도

최근 미국 국립 표준 기술원에서는 2013년 8월에 이터븀 원자시계를, 2014년 1월에는 스트론튬 원자시계를 개발하는 데 성공했다.

우리나라의 표준 과학 연구원(KRISS)은 2009년에 세슘 원자시계를 자체적으로 개발하는 데 성공했고, 이번 2014년 4월에는 세계에서 세 번째로 이터븀 원자시계를 개발했다. 미국의 스트론튬 원자시계에 비해 상대적으로 많이 부족하지만, 연구원들의 노력으로 조만간 비슷한 수준에 도달할 것으로 예상된다.

우리가 개발한 이터븀 원자시계의 오차는 1억 년에 1초입니다.

우와, 1억 년에 1초라니…!

그런데 그렇게까지 정확한 시계가 왜 필요한 거죠?

아우, 또 그 소리!

그야 GPS 위성을 비롯해서 차세대 통신 장치와 같은 미래 기술에 없어서는 안 되기 때문이죠.

물론 '첨단'과 '정밀'이라는 단어가 들어가는 분야에 원자시계가 필요하다는 대답은 예상 가능하다.

그러나 그러한 이야기들은 우리에게 선뜻 와닿지 않는다.

그리고 생각의 방향을
바꿔 보는 것은 어떨까?

인류가 시계의 정확도를 향상시켜 왔던 역사와 함께 현재의 우리를 바라본다면 원자시계의 의미가 더 명확해지지 않을까?

고대에는 인류의 대부분이 한 장소에서 태어나고 죽었다. 공동체는 작았고 이동 수단도 빠르지 않았다. 그들에게 필요했던 것은 강의 범람을 예측하고, 농사와 수렵에 필요했던 년이나 월 단위의 시간이었다.

그러나 제국과 기독교가 등장하면서 시간은 점차 세분화되어 갔다. 국가와 종교는 사람들의 삶을 통제하려 애썼다. 로마의 권력자 카이사르는 커다란 제국을 효율적으로 통치하기 위해 율리우스력을 발표해 최초로 달력을 통해 시간을 표준화했다. 종교 활동과 국가 행사는 월마다 빼곡히 자리 잡았고, 교회는 마을마다 종소리로 하루에도 몇 번씩 기도 시간을 알렸다. 사람들이 더 넓은 지역을 더 빠르게 이동할 수 있게 되면서 공동체는 커졌다. 더 많은 사람들이 같은 시간에 엮이기 시작했다.

중세를 지나고 유럽에 과학이 꽃피었다. 과학자들은 힘과 에너지에 눈을 떴다. 과학 기술은 더 빠른 교통수단을 등장시켰고 배는 보다 먼 바다를 항해했다. 국가 간 교류는 활발해지고 대륙 간 이동도 가능해졌다. 따라서 더 많은 사람들 사이에 시간의 동기화가 더욱 절실해졌다. 16세기에 그레고리우스 13세는 기독교의 영향력을 강화하기 위해 율리우스력을 폐지하고 그레고리력을 발표했다. 이것이 지금까지 이어지며 전 세계의 표준 달력이 된다.

이제부터 부활절은 그레고리력에 맞춰서 시행하겠다!

과학과 기술의 발전에 가속도가 붙었다. 전기와 자기를 연구하기 시작했고
쪼개지지 않는 기본 입자라 여겼던 원자의 속이 드러났다. 대륙 간에 통신선이 연결되고 미국에는
대륙 횡단 철도가 놓였다. 과거에는 상상할 수 없을 정도로 먼 곳의 사람들과 이야기하고,
더 빠르게 만나게 되었다. 이어서 비행기가 등장하면서 세계는 커다란 하나가 되어 갔다.

과학은 작게는 원자보다 훨씬 작은 입자를, 크게는 우주의 끝을 연구한다. 우리는 상상할 수 없었던
크기, 빠르기, 무게를 다루게 되었다. 그리고 마침내 지구를 벗어나 우주를 향해 로켓을 발사하게 되었다.
지구는 커다란 하나로 연결되었다. 우리는 실시간으로 엄청나게 많은 정보들을 주고받고,
개인은 끊임없이 서로 연결된다. 그리고 정보의 연결은 지구를 벗어나 우주로까지 이어졌다.

이처럼 지금 우리가 사는 세상은 과거와는 비교도 할 수 없을 정도로 빠르게 움직이고 있다. 고대 인류의 삶의 속도가 나무늘보와 같다면 현대인은 벌새와 같다.

하지만 사람들은 삶이 얼마나 빠른지 깨닫지 못한다. 마치 열차에 타고 있으면 자신이 움직인다고 생각하지 못하는 것처럼 말이다.

한 가지 예를 들어 볼까요?

지금도 지구는 시속 1667킬로미터로 자전을 하고 시속 10만 7160킬로미터로 공전을 하고 있다. 우리는 이렇게 빠르게 움직이고 있는 면적 5억 1000만 제곱킬로미터의 지구 위에서 핸드폰만으로도 자신의 위치를 알 수 있다.

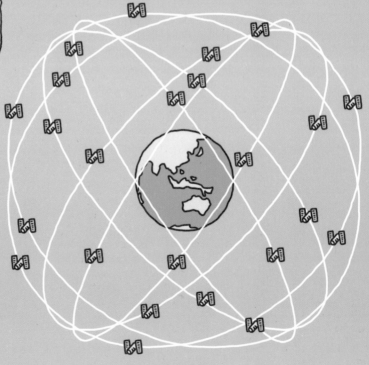

미국은 2007년 당시 30개의 GPS 위성을 운용했다.

GPS 위성의 궤도

이것이 가능한 이유는 GPS 위성에 원자시계가 실려 있기 때문이다.

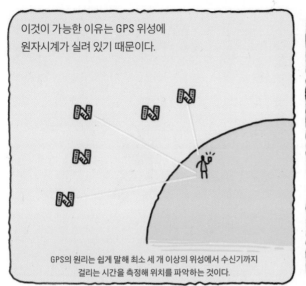

GPS의 원리는 쉽게 말해 최소 세 개 이상의 위성에서 수신기까지 걸리는 시간을 측정해 위치를 파악하는 것이다.

지금까지 세계는 미국 해군에서 쏘아 올린 군사용 GPS 위성을 통해 GPS 시스템을 이용하고 있습니다. 미국의 군사 행동이나 이해관계에 따라 언제든 GPS 시스템이 통제될 위험이 있습니다.

이런 불안한 상황을 타개하기 위해 러시아는 자체적으로 위성을 쏘아 GPS와 같은 글로나스(GLONASS) 시스템을 운용하고 있다. 유럽 연합과 중국, 일본 등도 자체적인 GPS 시스템을 위해 차근차근 준비해 나가고 있다.

* Rb: 루비듐 Cs: 세슘 H: 수소 메이저

GPS(미국)	GLONASS(러시아)	GALILEO(유럽연합)	BEIDOU(중국)	IRNSS(인도)	QZSS(일본)
Rb	Cs	H	Rb	Rb	Rb
Cs		Rb			

각국의 항법 위성에 실린 원자시계

우리나라는 유럽의 GPS 시스템 '갈릴레오' 사업에 참여하고 있다.

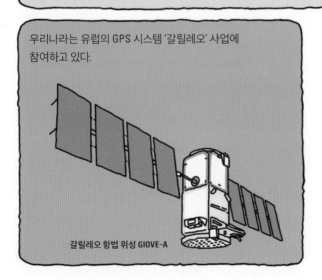

갈릴레오 항법 위성 GIOVE-A

자, 다시 처음 질문으로 돌아가 볼까요?

왜 우리는 원자시계와 같은
정확한 시계가 필요한 것일까?

ATOM

바로 이 시대의 우리 삶이 우주만큼 넓어지고
빛처럼 빠른 속도로 움직이기 때문이다.

정밀하고 정확한 시계는 이 세계를 움직이는 중요한 톱니바퀴 중의 하나다.

당신은 지금 어디에 있습니까?

그것을 말해 주는 것은 바로 시계입니다.

뉴스 업데이트 ver.14

먼 바다를 항해하기 위해서는 튼튼한 배와 돛만큼이나 정확한 시계 역시 필요합니다. 학교에서 배웠던 시간과 속도, 거리의 상관 관계를 생각하면 쉽게 이해가 될 것입니다. 우주 항해도 마찬가지입니다. 바다와는 비교할 수 없을 정도로 광활한 우주 공간을 엄청나게 빠른 속도로 이동하는 우주선에서 정확한 시계는 거리와 위치를 파악하는 데 매우 중요합니다. 현재 우리는 매우 정확한 원자시계를 개발했습니다. 하지만 우주선에서 원자시계를 이용하기에는 부피가 너무 큽니다. 그래서 지금까지는 지구에 위치한 안테나와 우주선 사이에 전파가 왕복하는 시간을 측정했습니다. 하지만 우주선이 더 먼 우주로 나아간다면 이러한 방식에는 한계가 있습니다. 이에 따라 나사(NASA)는 우주에서 활용할 수 있는 원자시계의 개발을 위해 '심우주 원자시계(Deep Space Atomic Clock)' 프로젝트를 진행하고 있습니다.

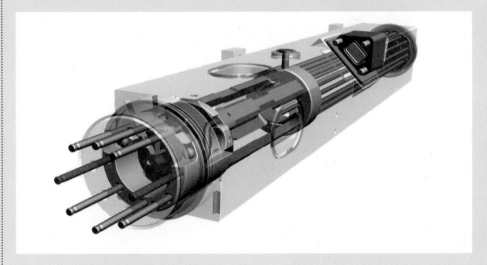

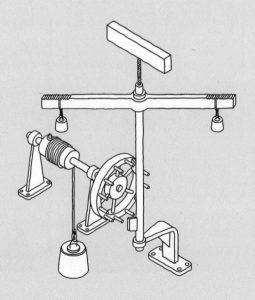

클로징

가끔 대화에서 아내를 소개할 때가 있다.

저와는 달리 아내는 연구실에도 몸담았고 논문까지 발표했던 '진짜' 과학자였습니다.

그럴 때면 적잖은 사람들이 이렇게 묻곤 한다.

그럼 아내분께서 많이 도와주시겠군요.

글…쎄…요…?

실제로는 반은 맞고 반은 틀리다.

뭐?

박테리아의 측면 편모(lateral flagellum)에 관한 논문인데…. 그러니까 발현 메커니즘이 뭐라는 거야?

으윽!

그런 거 나한테 묻지 마! 내가 그런 걸 알 리가 없잖아!

뭐야, 식물 생리를 연구해서 동물 생리는 모르는 거야? 우헤헤헤!

맙소사~

펑!

측면 편모 따위는 미생물학자 중에서도 관련 연구를 하는 사람만 아는 거라고!

그리고 다시는 식물 생리를 무시하지 마라!

과학이 자연 철학으로 불리던 옛날 옛적엔 혼자서 식물학도 하고 동물학도 하고 천문학도 하고 의학도 할 수 있었겠지만, 현재는 워낙 연구 분야들이 세분화, 전문화되었기 때문에 같은 전공자라 하더라도 연구 대상이 다르다면 상대가 뭘 하는지 알기 어렵습니다.

그래서 궁금하다 싶으면 분야를 가리지 않고 들이대는 나에게 아내가 가르쳐 줄 수 있는 것은 거의 없다.

잘못했습니다!

으르렁

하지만 아내는 다른 의미에서 나에게 큰 도움을 주고 있다.

손가락 정도 크기의 딱총새우(pistol shrimp)는
무시무시한 무기를 가지고 있습니다.
그들은 커다란 집게발을 이용해 강력한
충격파를 만들어 먹이를 기절시킵니다.

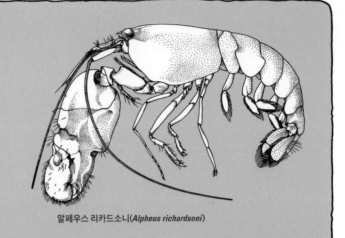

알페우스 리카드소니(*Alpheus richardsoni*)

집게가 빠르게 닫히면서 발생하는 기포는
온도가 4700도까지 올라가고, 고압의 기포가
터지면서 충격파가 발생하는데 엄청난 에너지로
인해 일명 음파 발광(sonoluminescence) 현상이
일어납니다.

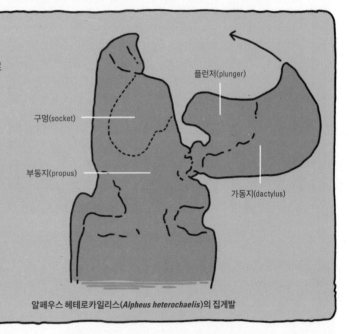

플런저(plunger)

구멍(socket)

부동지(propus)

가동지(dactylus)

알페우스 헤테로카일리스(*Alpheus heterochaelis*)의 집게발

우와, 정말 신기하다….

내가 하는 일을 이해하고, 좋아해 주고,
지지해 주는 것은 세상 그 무엇보다 큰 힘이다.

그래. 재밌겠다.

저거 만화로 그려 볼까?

모르는 것은 공부하면 되지만,
내가 하는 것을 상대방도 좋아하기를
바라는 것은 인력으로는 어찌할 수 없다.

아직 '과학 만화'의 설 자리를 찾기가 어려운 현실에서
지금까지 그려 올 수 있었던 것은, 그리고 앞으로도
그릴 수 있는 것은 오로지 아내 기혜의 공감과 응원 덕분이다.

음파 발광이라…
과연 이런 걸 그려 놓으면
누가 읽기는 할까….

잠들었어?

불쑥—

왜?

원고 재밌는지 좀
읽어 봐 봐.

한창 자고 있는데
깨워서는 음파 발광
원고를 보라고?

다 아내 덕분입니다.

파파팟!

아빠, 나는?!

그래 윤아도!

참고 문헌

1장　어두운 색 비둘기가 도시를 점령한 이유

21쪽 피부색 분포도 그림은 Barsh, Gregory S. (2003). What controls variation in human skin color?. *PLoS Biology,* 1(1), e27.에 수록된 삽화를 참조했습니다.

단행본

니나 자블론스키. 진선미 옮김. 『스킨: 피부색에 감춰진 비밀』(양문, 2012).

논문

Chatelain, M., et al. (2014). The adaptive function of melanin-based plumage coloration to trace metals. *Biology Letters,* 10(3), 20140164.

Corbel, H., et al. (2016). Stress response varies with plumage color and local habitat in feral pigeons. *Journal of Ornithology,* 157, 825.

Ducrest, A., Keller, L., & Roulin, A. (2008). Pleiotropy in the melanocortin system, coloration and behavioural syndromes. *Trends in Ecology & Evolution,* 29(9), 502-510.

Eeva, T., Ahola, M., & Lehikoinen, E. (2009). Breeding performance of blue tits (*Cyanistes caeruleus*) and great tits (*Parus major*) in a heavy metal polluted area. *Environmental Pollution,* 157(11), 3126-3131.

Jacquin, L., et al. (2013). Darker female pigeons transmit more specific antibodies to their eggs than do paler ones. *Biological Journal of the Linnean Society,* 108(3), 647-657.

Jacquin, L., et al. (2011). Melanin-based coloration is related to parasite intensity and cellular immune response in an urban free living bird: the feral pigeon *Columba livia. Journal of Avian biology,* 42(1), 11-15.

Leclaire, S., et al. (2014). Feather bacterial load affects plumage condition, iridescent color, and investment in preening in pigeons. *Behavioral Ecology,* 25(5), 1192-1198.

Roulin, A. (2004). The evolution, maintenance and adaptive function of genetic colour polymorphism in birds. *Biological Reviews,* 79(4), 815-848.

기사

조홍섭. 「얼룩말 줄무늬의 비밀, 사자보다 흡혈파리」. 《물바람숲》. 2014. 4. 8. (http://ecotopia.hani.co.kr/184283)

Brennand, E. (2011, April 1). Pigeons: Dark feathers reveal secret to healthy birds. *BBC Earth News.* (http://news.bbc.co.uk/earth/hi/earth_news/newsid_9442000/9442210.stm)

Perkins, S. (2014, March 25). Why dark pigeons rule the streets. *Science News.* (http://news.sciencemag.org/biology/2014/03/why-dark-pigeons-rule-streets)

2장　손가락 주름의 우여곡절

31쪽 정중 신경 그림은 워싱턴 대학교 세인트루이스 의과 대학 홈페이지에 게시된 그림을 보고 그렸습니다. (http://nervesurgery.wustl.edu/ap/upperextremity/median/Pages/default.aspx)

33쪽 말단 동맥 폐쇄 공간 그림은 Dwayne, C. (2003). Common acute hand infections. *American Family Physician,* 68(11), 2167-2176에 실린 손가락 해부도를 참고해 간략하게 그렸습니다.

37쪽 레인 타이어 가설 그림은 Changizi, M., et al. (2011). Are wet-induced wrinkled fingers primate rain treads?. *Brain, Behaviour and Evolution,* 77(4), 286-290.에 실린 그림을 보고 그렸습니다.

40쪽 하셀레우 박사의 검증 실험 그림은 Haseleu, J., et al. (2014). Water-induced finger wrinkles do not affect touch acuity or dexterity in handling wet objects. *PLoS ONE,* 9(1), e84949. https://doi.org/10.1371/journal.pone.0084949에 실린 그래프를 보고 그렸습니다.

논문

Bull, C., & Henry, J. (1977). Finger wrinkling as a test of autonomic function. *British Medical Journal,* 1(6060). 551-552.

Kareklas, K., Nettle, D., & Smulders, T. (2013). Water-induced finger wrinkles improve handling of wet objects. *Biology Letters,* 9(2), 20120999.

O'Riain, S. (1973). New and simple test of nerve function in hand. *British Medical Journal,* 3(5881), 615.

Tindall, A., Dawood, R., & Povlsen, B. (2006). Case of the month: the skin wrinkle test: a simple nerve injury test for paediatric and uncooperative patients. *Emergency medicine journal,* 23(11), 883-886.

Yin, J., Gerling, G., & Chen, X. (2010). Mechanical modeling of a wrinkled fingertip immersed in water. *Acta Biomaterialia,* 6(4), 1487-1496.

기사

Perkins, S. (2014, January 9). Wrinkly fingers may not give you a better grip. *Science News.* (http://news.sciencemag.org/evolution/2014/01/scienceshot-wrinkly-fingers-may-not-give-you-better-grip)

3장　첫주전자는 어떻게 휘파람을 치지게 불어 댈 수 있을까?

45쪽 아가왈의 실험 설계 그림은 Henrywood, Ross H., & Agarwal, Anurag. (2013). The aeroacoustics of a steam kettle. *Physics of Fluids,* 25(10), 107101.에 실린 그림을 보고 그렸습니다.

45쪽 헬름홀츠 공진기 그림은 la Cour, Paul, & Appel, Jacob. (1896). *Historisk Fysik* (1st ed.). Det Nordiske Forlag.에 실린 그림을 보고 그렸습니다.

47쪽 휘슬의 두 번째 메커니즘 그림은 Henrywood, Ross H., & Agarwal, Anurag. (2013). 앞의 책에 실린 그림을 보고 그렸습니다.

기타 자료

Phys.org. (2013, November 15). Whither the teakettle whistle: Breakthrough in breakfast musings. (http://phys.org/news/2013-11-teakettle-breakthrough-breakfast-musings.html)

University of Cambridge. (2013, October 24). How the kettle got its whistle. (http://www.cam.ac.uk/research/news/how-the-kettle-got-its-whistle)

University of New South Wales. Helmholtz resonance. (http://www.phys.unsw.edu.au/jw/Helmholtz.html)

4장 누가 내 주머니 속의 이어폰을 꼬았을까?

48쪽 아나톨리아 지도는 콘라드 말테브룬(Conrad Malte-Brun, 1775~1826년)이 1837년에 기록한 고대 소아시아 지도를 참고해 그렸습니다. (http://www.davidrumsey.com/luna/servlet/workspace/handleMediaPlayer?lunaMediaId=RUMSEY~8~1~34582~1180194)

53쪽 쾨니히스베르크 다리 문제 그림은 1613년 요아힘 베링(Joachim Bering)이 판화로 제작한 쾨니히스베르크 시의 이미지를 수정했습니다. (https://commons.wikimedia.org/wiki/File:Koenigsberg,_Map_by_Bering_1613.jpg)

56쪽의 모든 그림 및 도표는 Raymer, Dorian M., & Smith, Douglas E. (2007). Spontaneous knotting of an agitated string. *Proceedings of the National Academy of Sciences,* 104(42), 16432-16437.에 실린 그림을 보고 그렸습니다.

단행본

케이스 데블린. 전대호 옮김. 『수학의 언어』(해나무, 2003).

기사

김택원. 「복잡한 세상을 풀어주는 매듭론」. 《동아사이언스》. 2014. 5. 14. (http://www.dongascience.com/sctech/view/622/webzine)

이언 샘플. veritaholic 옮김. 「일군의 과학자들, 유럽의 인간 뇌 프로젝트(Human Brain Project)에 반대하다」. 《뉴스페퍼민트》. 2014. 7. 9. (http://newspeppermint.com/2014/07/08/mbrain/)

Mann, A. (2014, July 1). Your earphone cords are determined to be a tangled mess. *The Wired.* (http://www.wired.com/2014/07/wuwt-headphone-cord-tangles/)

Sample, I. (2014, July 9). Scientists threaten to boycott € 1.2 billion Human Brain Project. *The Guardian.* (http://www.theguardian.com/science/2014/jul/07/human-brain-project-researchers-threaten-boycott)

Seethaler, S. (2007, October 1). UC San Diego physicists tackle knotty puzzle. *University of California San Diego.* (http://ucsdnews.ucsd.edu/archive/newsrel/science/10-07KnottyPuzzleSS-.asp)

Vincent, J. (2014, June 19). Why do your earphones get tangled in your pocket? Science has the answer. *The Independent.* (http://www.independent.co.uk/news/science/why-do-your-earphones-get-tangled-in-your-pocket-science-has-the-answer-9548540.html)

5장 이유 없는 개똥 없다

63쪽 비둘기의 자기 나침반 그림은 Wheldon, J. (2007, March 16). Solved: how a pigeon finds his way home. *Daily Mail*.에 실린 그림을 보고 그렸습니다. (http://www.dailymail.co.uk/sciencetech/article-442582/Solved-How-pigeon-finds-way-home.html)

논문

Begall, S., et al. (2013). Magnetic alignment in mammals and other animals. *Mammalian Biology-Zeitschrift für Säugetierkunde, 78*(1), 10-20.

Burda, H., et al. (2017). Magnetic alignment in warthogs *Phacochoerus africanus* and wild boars *Sus scrofa*. *Mammal Review, 47*(1), 1-5.

Hart, V., et al. (2013). Dogs are sensitive to small variations of the Earth's magnetic field. *Frontiers in Zoology, 10*(1), 1-12.

기사

나확진. 「개는 지구 자기장 축 방향으로 '실례'한다」.《연합뉴스》. 2014. 1. 3. (http://news.nate.com/view/20140103n24065)

Draxler, B. (2014, January 2). Dogs align themselves to Earth's magnetic field when pooping. *Discover*. (http://blogs.discovermagazine.com/d-brief/2014/01/02/dogs-align-themselves-to-earths-magnetic-field-when-pooping/#.UxNYC_R_t0c)

Gruber, K. (2014, January 3). Dogs sense Earth's magnetic field. *National Geographic*. (http://newswatch.nationalgeographic.com/2014/01/03/dogs-sense-earths-magnetic-field/)

6장 세상에서 가장 간절한 경쟁

70쪽 아일랜드엘크의 그림은 Millais, J. G. (1897). *British Deer and Their Horns*. Henry Sotheran and Co.에 실린 삽화를 보고 그렸습니다.

71쪽 노랑초파리의 교미 지속 시간 그래프는 Bretman, A., Fricke, C., & Chapman, T. (2009). Plastic responses of male *Drosophila melanogaster* to the level of sperm competition increase male reproductive fitness. *Proceedings of the Royal Society B: Biological Sciences, 276*(1662), 1705-1711.에 실린 그래프를 보고 그렸습니다.

73쪽 톡토기의 정포 그림은 벨기에 앤트워프 대학교의 생물학 교수 프란스 얀센스(Frans Janssens)의 톡토기목에 관한 홈페이지(http://www.collembola.org/publicat/spermato.htm)에 실린 자료 Note on the spermatophores of *Collembola*를 보고 그렸습니다.

74쪽 톡토기의 정포 실험 그래프는 Zizzari, Z. V., van Straalen, N. M., & Ellers, J. (2013). Male-male competition leads to less abundant but more attractive sperm. *Biology Letters, 9*(6), 20130762.에 실린 그래프를 보고 그렸습니다.

78쪽 톡토기의 정포 질을 나타낸 그래프는 Zizzari, Z. V., van Straalen, N. M., & Ellers, J. (2013). 앞의 책에 실린 그래프를 보고 그렸습니다.

단행본
스티븐 제이 굴드, 홍욱희·홍동선 옮김, 『다윈 이후』(사이언스북스, 2008).

기사
Akpan, Nsikan. (2014, March 28). How to tell if a spider's been sleeping around. *Science Magazine.* (http://www.sciencemag.org/news/2014/03/scienceshot-how-tell-if-spiders-been-sleeping-around)

Chen, Angus. (2014, April 4). How to make speedy sperm. *Science Magazine.* (http://www.sciencemag.org/news/2014/04/scienceshot-how-make-speedy-sperm)

Milius, Susan. (2014, January 19). Sperm on a stick for springtail. *Science News.* (https://www.sciencenews.org/article/sperm-stick-springtails)

* Akpan(2014)과 Chen(2014)은 양병찬의 번역을 참조했습니다.

7장 습도를 이용한 박테리아 발전기

79쪽 막대균 포자의 단면도는 McKenney, P. T., Driks, A., & Eichenberger, P. (2012). The *Bacillus subtilis* endospore: assembly and functions of the multilayered coat. *Nature Reviews Microbiology,* 11(1), 33-44.에 실린 그림을 보고 그렸습니다.

80쪽 막대균 포자 그림은 McKenney, P. T., Driks, A., & Eichenberger, P. (2012). 앞의 책에 실린 그림을 보고 그렸습니다.

80쪽 포자의 팽창과 수축 그림은 Chen, X., et al. (2014). Bacillus spores as building blocks for stimuli-responsive materials and nanogenerators. *Nature Nanotechnology,* 9, 137-141.에 실린 그림을 보고 그렸습니다.

81쪽 습도 전지 그림은 Chen, X., et al. (2014). 앞의 책에 실린 그림을 보고 그렸습니다.

83쪽 박테리아로 나아가는 자동차 그림은 Temming, Maria. (2015). Water, water everywhere. *Scienctific American,* 313(26), 26.에 실린 그림을 옮겨 그렸습니다.

단행본
마이클 매디건 외. 오계헌 외 옮김. 『Brock의 미생물학』(13판). (피어슨에듀케이션코리아, 2011).

논문
Chen, X., et al. (2015). Scaling up nanoscale water-driven energy conversion into evaporation-driven engines and generators. *Nature communications* 6.

Driks, A. (1999). *Bacillus subtilis* spore coat. *Microbiology and Molecular Biology Reviews,* 63(1), 1-20.

Temming, M. (2015). Water, water everywhere. *Scientific American,* 313(26), 26.

Wheeler, T. D., & Stroock, A. D. (2008). The transpiration of water at negative pressures in a synthetic tree. *Nature,* 455(7210), 208-212.

기타 자료

Wyss Institution. (2014, January 27) Getting a charge from changes in humidity. (http://wyss.harvard.edu/viewpressrelease/137/getting-a-charge-from-changes-in-humidity)

8장 커피 잔 속의 태풍 이야기

87쪽 메이어의 실험 설계 그림은 Mayer, H. C., & Krechetnikov, R. (2012). Walking with coffee: why does it spill?. *Physical Review,* E85(4), 046117.에 실린 그림을 보고 그렸습니다.

90쪽 에어버스 A330의 연료 탱크 위치를 나타낸 그림은 미국 연방 항공국 홈페이지에 실린 그림을 보고 그렸습니다. (http://lessonslearned.faa.gov/ll_main.cfm?TabID=4&LLID=73&LLTypeID=2)

91쪽 비행 중 새턴 1호의 연료 출렁임을 나타낸 그래프는 Abramson, H. N. (1966). *The dynamic behavior of liquids in moving containers* (NASA SP-106). NASA Special Publication.에서 발췌한 것입니다.

91쪽 배플의 설계도면은 Baud, Kenneth W., Szabo, Steven V., Jr., Ruedele, Ronald W., & Berns, James A. (1968). *Successful restart of a cryogenic upper-stage vehicle after coasting in earth orbit* (NASA-TM-X-1649). NASA.에서 발췌한 설계도면입니다.

92쪽 거품과 출렁임의 관계 실험도는 Cappello, J., et al. (2015). Damping of liquid sloshing by foams: from everyday observations to liquid transport. *Journal of Visualization,* 18(2), 269-271.에 실린 그림을 보고 그렸습니다.

93쪽 출렁임의 진폭 변화 그래프는 Sauret, A., et al. (2015). Damping of liquid sloshing by foams. *Physics of Fluids,* 27(2), 022103.을 참고했습니다.

기사 및 참고 자료

American Institute of Physics (AIP). (2015, February 24). Why a latte is less likely to spill than a coffee. *Science Daily.* (www.sciencedaily.com/releases/2015/02/150224112915.htm).

Cartwright, Jon. (2012, May 4). The physics of spilled coffee. *Science Magazine.* (http://news.sciencemag.org/2012/05/physics-spilled-coffee).

New York University. (2014, November 24). Why does coffee spill more often than beer?. *phys.org.* (http://phys.org/news/2014-11-coffee-beer-video.html)

9장 똥밭에 굴러도 이승이라면 황송할 따름

97쪽 스타벅스의 입장은 조윤경. 「홍콩 스타벅스, 주차장 공중 화장실 물로 커피 제조」. 《매일경제》. 2013. 6. 5. (http://news.mk.co.kr/newsRead.php?year=2013&no=423654)에서 인용했습니다.

99쪽 월시의 실험 그림은 Walsh, P. T., McCreless, E., & Pedersen, A. B. (2013). Faecal avoidance and selective foraging: do wild mice have the luxury to avoid faeces?. *Animal behaviour,* 86(3), 559-566.에 실린 그림을 보고 그렸습니다.

단행본
정준호. 『기생충, 우리들의 오래된 동반자』(후마니타스, 2011).

기사
Milius, Susan. (2013, September 10). Avoiding faeces may be 'luxury' wild mice can't afford. *Science News.* (http://www.sciencenews.org/view/generic/id/353118/description/Avoiding_feces_may_be_luxury_wild_mice_cant_afford)

10장 500년 만에 허리 편 꼽추 왕 리처드 3세

103쪽 리처드 3세의 초상화는 영국 국립 초상화 미술관 홈페이지에 게시된 리처드 3세의 초상화입니다. (© National Portrait Gallery, London) (http://www.npg.org.uk/collections/search/portrait.php?search=ap&npgno=148&eDate=&lDate=)

107쪽의 모든 지도는 Buckley, R., et al. (2013). 'The king in the car park': new light on the death and burial of Richard III in the Grey Friars church, Leicester, in 1485. *Antiquity,* 87(336), 519-538.에서 인용했습니다.

108쪽 리처드 3세의 유해 발굴지 그림은 영국의 인터넷 매체 '그래픽뉴스'의 홈페이지에 게시된 인포그래픽을 참고해 그렸습니다. (https://www.graphicnews.org/pages/en/30229/HISTORY_Burial_site_of_Richard_III_)

112쪽 서머싯 가계도는 King, T. E., et al. (2014). Identification of the remains of King Richard III. *Nature communications,* 5(5631), DOI: 10.1038/ncomms6631.에 실린 삽화를 참고해 그렸습니다.

단행본
조지핀 테이, 권도희 옮김. 『시간의 딸』(엘릭시르, 2014).

논문
Appleby, J., et al. (2015). Perimortem trauma in King Richard III: a skeletal analysis. *The Lancet,* 385(9964), 253-259.
Lamb, A. L., et al. (2014). Multi-isotope analysis demonstrates significant lifestyle changes in King Richard III.

Journal of Archaeological Science, 50, 559-565.

Zimmo, S., Blanco, J., & Nebel, S. (2012). The use of stable isotopes in the study of animal migration. *Nature Education Knowledge,* 3(12), 3.

기사 및 참고 자료

염정인. 「리처드 3세」. 네이버 지식 백과. (http://terms.naver.com/entry.nhn?docId=3326613&cid=56790&categoryId=58124)

Grant, Bob. (2017, January 1). Forensics 2.0. *The Scientist..* (http://www.the-scientist.com/?articles.view/articleNo/47794/title/Forensics-2-0/)

Moorhead, Joanna. (2012, December 8). Genetic testing: to catch a king. *The Guardian.* (http://www.theguardian.com/lifeandstyle/2012/dec/08/genetic-test-dna-richard-3-skeleton)

Sample, Ian. (2015, March 25). Richard III DNA tests uncover evidence of further royal scandal. *The Guardian.* trans. 정직한. 「리차드 3 세의 DNA 검사결과로 왕실의 추문에 대한 증거가 추가로 발견되다」. (https://nopeoplestime.wordpress.com/2015/03/31/richard-iii/)

Treble, Patricia. (2015, March 22). Canada's connection to King Richard III: the inside story. *Maclean's.* (http://www.macleans.ca/society/canadas-connection-to-king-richard-iii-the-inside-story/)

Urquhart, James. (2014, August 18). Richard III really ate and drank like a king. *Scientific American.* (http://www.scientificamerican.com/article/richard-iii-really-ate-and-drank-like-a-king/)

11장 DNA로 그리는 얼굴

131쪽 파라본나노랩스의 스냅샷 예시는 파라본나노랩스 홈페이지에서 발췌한 이미지입니다. (https://parabon-nanolabs.com/news-events/2015/01/snapshot-puts-face-on-four-year-old-cold-case.html)

136쪽 얼굴 특성에 영향을 미치는 유전자 도식은 Hallgrimsson, B., et al. (2014). Let's face it—complex traits are just not that simple. *PLoS Genet,* 10(11), e1004724.에 실린 그림을 수정해 옮겨 그렸습니다.

논문

Kayser, M. (2015). Forensic DNA phenotyping: predicting human appearance from crime scene material for investigative purposes. *Forensic Science International: Genetics,* 18, 33-48.

Smith, C., Strauss, S., & DeFrancesco, L. (2012). DNA goes to court. *Nature Biotechnology,* 30(11), 1047-1053.

Weidner, C. I., et al. (2014). Aging of blood can be tracked by DNA methylation changes at just three CpG sites. *Genome biology,* 15(2), 1-12.

기사

Ahmed, Abdul-Kareem. (2013, January 9). DNA 'identichip' gives a detailed picture of a suspect. *The Scientist.* (https://www.newscientist.com/article/mg21728995-500-dna-identichip-gives-a-detailed-picture-of-a-suspect)

Cookson, Clive. (2015, January 30). DNA: the next frontier in forensics. *Financial Times.* (http://www.ft.com/cms/s/2/012b2b9c-a742-11e4-8a71-00144feab7de.html)

Rosen, Meghan. (2015, December 1). Can DNA predict a face?. *Science News.* (https://www.sciencenews.org/article/can-dna-predict-face1)

Yandell, Kate. (2013, May 1). Ancient appearances. *The Scientist.* (http://www.the-scientist.com/?articles.view/articleNo/35248/title/Ancient-Appearances/)

12장 달에 쌓인 먼지를 털다

145쪽 4대강 그림은 김현진. 「전국 최초로 전북도 의회 '4대강 사업 중단' 결의안 채택」. 《참세상》. 2010. 7. 15.에 실린 전주 환경 운동 연합의 사진을 보고 그렸습니다. (http://www.newscham.net/news/view.php?board=news&nid=57694)

146쪽 월진 입자를 확대한 모습은 Dooling, Dave. (2006, December 28). True fakes: scientists make simulated moondust. *Nasa Science.*에 실린 사진을 보고 그렸습니다. (https://science.nasa.gov/science-news/science-at-nasa/2006/28dec_truefake)

147쪽 분진 탐지기는 Hollick, M., & O'Brien, B. J. (2013). Lunar weather measurements at three Apollo sites 1969-1976. *Space Weather,* 11(11), 651-660.을 참고해 그렸습니다.

149쪽 라디의 비행경로 그림은 Tate, Karl. (2013, August 7). Moon dust misson: how NASA's LADEE spacecraft works. *Space.com.*에 실린 인포그래픽을 보고 그렸습니다. (http://www.space.com/22286-ladee-moon-dust-mission-explained-infographic.html)

151쪽 전하 모델 그림은 Wang, X., et al. (2016). Dust charging and transport on airless planetary bodies. *Geophysical Research Letters* 43(12), 6103-6110.에 실린 그림을 참조해 그렸습니다.

논문

Flanagan, T. M., and J. Goree. (2006). Dust release from surfaces exposed to plasma. *Physics of plasmas* 13(12), 123504.

기사 및 참고 자료

곽노필. 「달에 기지를… 다시 불 붙는 달 탐사 경쟁」. 《한겨레》. 2013. 9. 19. (http://www.hani.co.kr/arti/science/science_general/603912.html)

유상연. 「우주에서 얻는 미래자원- 헬륨 3」. 《KISTI》. 2006. 4. 10. (http://scent.ndsl.kr/sctColDetail.do?seq=2426&class=100)

한국항공우주연구원. 「세계는 왜 달로 가고 있는가?」. 2007. 11. 15. (http://www.kari.re.kr/sub030402/articles/view/tableid/sense_anecdote/page/6/id/422#comment_first)

American Geophysical Union. (2013, November 20). Rediscovered Apollo data gives first measure of how fast moon dust piles up. (http://news.agu.org/press-release/rediscovered-apollo-data-gives-first-measure-of-how-fast-moon-dust-piles-up/)

Chao, Julie. (2013, May 8). Melvin Calvin's Moon dust reappears after 44 years. *Berkeley Lab.* (http://newscenter.

lbl.gov/science-shorts/2013/05/08/melvin-calvin-moon-dust/)

Gannon, Megan. (2013, May 21). Lost Apollo 11 Moon dust found in storage. *space.com.* (http://www.space.
com/21050-apollo-11-moon-dust-found.html)

Langlois, Jill. (2013, May 26). Apollo 11 moon dust samples found in storage. *Globalpost.* (http://www.
globalpost.com/dispatch/news/science/130526/apollo-11-moon-dust-samples-found-storage)

Popular Mechanics. (2004, December 7). Mining the Moon. (http://www.popularmechanics.com/science/space/
moon-mars/1283056)

Rosen, Meghan. (2013, December 3). Moon wears dusty cloak. *Science News.* (https://www.sciencenews.org/
article/moon-wears-dusty-cloak?mode=topic&context=49)

13장   외계인의 전자레인지는 휘파람을 불 수 있을까?

154쪽 단속 전파 폭발 신호에서 나타난 시간 지연 그래프는 Lorimer, D. R., et al. (2007). A bright millisecond
radio burst of extragalactic origin. *Science,* 318(5851), 777-780.에서 인용했습니다.

156쪽 댄 손튼이 발견한 단속 전파 폭발 그래프는 Thornton, D., et al. (2013). A population of fast radio bursts at
cosmological distances. *Science,* 341(6141), 53-56.을 보고 그렸습니다.

162쪽 전파의 분산이 187.5의 배수임을 드러내는 그래프는 Scoles, S. (2015, March 31). Is this ET? mystery
of strange radio bursts from space. *New Scientist.*을 보고 그린 것입니다. (http://www.newscientist.
com/article/mg22630153.600-is-this-et-mystery-of-strange-radio-bursts-from-space.html?full=true#.
VVl0b0l9Mv0)

논문
Spitler, L. G., et al. (2016). A repeating fast radio burst. *Nature* 531(7593), 202-205.

기사
매크리나 쿠퍼화이트. 「우주에서 미스터리의 신호가 잡혔다. 정말로 외계인의 신호일지도 모른다」. 《허핑턴
포스트코리아》. 2015. 4. 15. (http://www.huffingtonpost.kr/2015/04/02/story_n_6997956.html)

세스 쇼스탁. 「다 외계인 탓인가」. 《허핑턴포스트코리아》. 2015. 6. 6. (http://www.huffingtonpost.kr/seth-
shostak/story_b_7015658.html)

Billings, L. (2013, July 9). A brilliant flash, then nothing: new "fast radio bursts" mystify astronomers. *Scientific
American.* (http://www.scientificamerican.com/article/a-brilliant-flash-then-nothing-new-fast-radio-
bursts-mystify-astronomers/)

Crockett, C. (2014, August 9). Searching for distant signals. *Science News.* (https://www.sciencenews.org/
article/searching-distant-signals#sidebar)

Crockett, C. (2015, April 10). Source of puzzling cosmic signals found—in the kitchen. *Science News.* (https://
www.sciencenews.org/article/source-puzzling-cosmic-signals-found-kitchen)

Drake, N. (2015, April 15). Rogue microwave ovens are the culprits behind mysterious radio signals. *National
Geographic.* (http://phenomena.nationalgeographic.com/2015/04/10/rogue-microwave-ovens-are-the-

culprits-behind-mysterious-radio-signals/)

Osborne, Hannah. (2016, March 2). FRBs: mystery repeating radio signals discovered emanating from unknown cosmic source. *International Business Times*. (http://www.ibtimes.co.uk/frbs-mystery-repeating-radio-signals-discovered-emanating-unknown-cosmic-source-1547133)

Scoles, S. (2015, March 31). Is this ET? mystery of strange radio bursts from space. *New Scientist*. (http://www.newscientist.com/article/mg22630153.600-is-this-et-mystery-of-strange-radio-bursts-from-space.html?full=true#.VVl0b0I9Mv0)

14장   쓸데없이 정확한 시계?

168쪽 달을 가리키는 중세 수도사 그림은 Alciati, Andrea. (2004). *A Book of Emblem*. McFarland & Co.에 실린 삽화를 보고 그렸습니다.

170쪽 태양일의 길이 변화 및 균시차의 변화 그래프는 Jones, Anthony. (2000). *Splitting the Second: The Story of Atomic Time*. CRC Press.에 실린 그래프를 보고 그렸습니다.

170쪽 최초의 추시계 그림은 Hebra, Alexius J. (2009). *The Physics of Metrology*. Springer.에 실린 사진을 보고 그렸습니다.

170쪽 인용구는 Andrewes, W. J. (2002). A chronicle of timekeeping. *Scientific American*, 287(3), 76-85.에서 인용했습니다.

171쪽 퓨지 그림은 Lardner, Dionysius. (1855). *The Museum of Science and Art*. Walton & Maberly.에 실린 그림을 보고 그렸습니다.

171쪽 최초의 진자시계 그림은 Kelly, Harold C. (2007). *Clock Repairing as a Hobby: An Illustrated How-to Guide for the Beginner*. Skyhorse Publishing.에 실린 그림을 보고 그렸습니다.

172쪽 윌리엄 쇼트의 동기식 자유 진자시계 그림은 파인아트아메리카 홈페이지에서 Mary Evans가 촬영한 자유 진자시계 사진을 보고 그렸습니다. (http://fineartamerica.com/featured/2-synchronome-free-pendulum-clock-mary-evans.html)

172쪽 석영시계 그림은 브리태니커 사전에 실린 그림을 보고 그렸습니다. (https://global.britannica.com/media/full/380548/107850)

177쪽 미국 국립 표준 기술원에서 개발한 원자시계들과 불확도 그래프는 Lombardi, M. A., Heavner, T. P., & Jefferts, S. R. (2007). NIST primary frequency standards and the realization of the SI second. *Measure: The Journal of Measurement Science* 2(4), 74-89.를 참고해서 그렸습니다.

183쪽 각국의 항법 위성에 실린 원자시계 표는 Rochat, P., et al. (2012). Atomic clocks and timing systems in global navigation satellite systems. *Proceedings of 2012 European Navigation Conference*.에서 인용했습니다.

185쪽 심우주 원자시계 그림은 나사 제트 추진 연구소 홈페이지에 게시된 이미지입니다. (http://www.jpl.nasa.gov/missions/deep-space-atomic-clock-dsac/)

단행본
김경렬. 『시간의 의미』(생각의 힘, 2013).
스튜어트 매크리디, 남경태 옮김. 『시간에 대한 거의 모든 것들』(휴머니스트, 2002).
앤서니 애브니, 최광열 옮김. 『시간의 문화사』(북로드, 2007).

논문
이상범 외. (2011). 「한국표준과학연구원의 원자시계 개발현황」. 『한국통신학회 학술대회논문집』. 123-124.
Gibbs, W. W. (2002). Ultimate Clocks. *Scientific American, 287*(3), 86-93.
Jespersen, J., & Fitz-Randolph, J. (1999). *From Sundials to Atomic Clocks: Understanding Time and Frequency.* Courier Dover Publications.

기사 및 참고 자료
김태훈. 「초정밀 원자시계 개발 유대혁 표준研 시간센터장 "1억 년에 0.92초 오차… 정확도 1000배 높여"」. 《한국경제신문》. 2014. 2. 23. (http://www.hankyung.com/news/app/newsview.php?aid=2014022334981)
김한별. 「1억년에 0.91초 오차」. 《중앙일보》. 2014. 1. 27. (http://www.hankyung.com/news/app/newsview.php?aid=2014022334981)
조행만. 「1초의 정의를 실현하는 원자시계」. 《사이언스타임스》. 2008. 8. 12. (http://www.sciencetimes.co.kr/?news=1%EC%B4%88%EC%9D%98-%EC%A0%95%EC%9D%98%EB%A5%BC-%EC%8B%A4%ED%98%84%ED%95%98%EB%8A%94-%EC%9B%90%EC%9E%90%EC%8B%9C%EA%B3%84)
한국천문연구원. 「2012년 윤초 실시」. 2012. 7. 1. (http://www.kasi.re.kr/View.aspx?id=report&uid=3750)
NASA. Deep Space Atomic Clock project(DSAC) Overview. (https://www.nasa.gov/mission_pages/tdm/clock/overview.html)
Phys.org. (2014, January 22). JILA strontium atomic clock sets new records in both precision and stability.(https://phys.org/news/2014-01-jila-strontium-atomic-clock-precision.html)

클로징

189쪽 알페우스 리카드소니(*Alpheus richardsoni*)는 포트필립베이 홈페이지(http://portphillipmarinelife.net.au/species/3840)에 게시된 케이트 놀런(Kate Nolan)의 그림입니다.(© Kate Nolan)

189쪽 알페우스 헤테로카일리스(*Alpheus heterochaelis*)의 집게발 그림은 Versluis, M., Schmitz, B., von der Heydt, A., Lohse, D. (2000). How snapping shrimp snap: through cavitating bubbles. *Science*, 289(5487), 2114-2117.에 실린 사진을 옮겨 그렸습니다.

김명호의

과학 뉴스

1판 1쇄 펴냄 2017년 5월 12일
1판 6쇄 펴냄 2022년 3월 15일

지은이 김명호
펴낸이 박상준
펴낸곳 ㈜사이언스북스

출판등록 1997. 3. 24.(제16-1444호)
(06027) 서울시 강남구 도산대로1길 62
대표 전화 515-2000, 팩시밀리 515-2007
편집부 517-4263, 팩시밀리 514-2329
www.sciencebooks.co.kr

ISBN 978-89-8371-823-5 03400